LA RICHESSE DES CULTIVATEURS.

LA RICHESSE DES CULTIVATEURS,

OU

DIALOGUES

ENTRE

BENJAMIN JACHÈRE et RICHARD TRÈFLE, Laboureurs,

Sur la culture du Trèfle, de la Luzerne et du Sainfoin;

TRADUIT DE L'ALLEMAND.

Ouvrage servant de Manuel aux Cultivateurs des deux rives du Rhin.

A PARIS,

Chez A.-J. MARCHANT, Imprimeur, et Libraire pour l'Agriculture, rue des Grands-Augustins, n°. 12.

AN XI (1803).

AVIS DE L'ÉDITEUR.

L'OUVRAGE dont on va lire la traduction, est devenu le Manuel des cultivateurs d'une partie de l'Allemagne. Il expose en détail et sous une forme extrêmement simple, les procédés que l'on y suit pour la culture du trèfle, de la luzerne et du sainfoin. Il a déjà été publié, par ordre et aux frais de l'Administration, dans le département de la Moselle, où cette sage importation a produit les plus heureux effets. Nous avons cru faire un acte aussi utile qu'agréable aux cultivateurs, et au Gouvernement en particulier, en rendant ce bienfait commun aux autres départemens de la République.

Convaincu de la nécessité de reproduire, sous toutes les formes et aux yeux du plus grand nombre, le besoin indispensable des Prairies artificielles, sur-tout par des livres dont le prix, l'étendue et les leçons fussent à la portée des moyens pécuniaires et de l'intelligence de presque tous les habitans des campagnes, nous n'avons pas hésité à tirer un grand nombre d'exemplaires de ces dialogues. Cette mesure, dont le succès est certain pour un ouvrage aussi avantageusement connu, nous donnera la facilité de le répandre à un prix fort modéré, lorsque l'on en prendra une certaine quantité d'exemplaires.

« Quelques propriétaires et laboureurs de » notre pays (le département de la Moselle), » dit le traducteur, n'ont pas attendu jusqu'à » ce jour pour cultiver le trèfle : je savais » que *Meister Nikel Genrich*, anabaptiste, » originaire d'Alsace, avait apporté, il y a » vingt-sept ans, cette plante à Altroff, vil- » lage situé entre Dieuze et Morhange, et » que son essai avait complétement réussi. » Les succès de cet excellent laboureur en » ont étendu la culture dans tous les villages » voisins; mais tel est l'empire de l'habitude » sur les propriétaires, telle est l'indifférence » d'un fermier à court bail, qu'on n'en trouve » plus au-delà de trois lieues à la ronde. L'ex- » périence d'un habile cultivateur, parvenu » à une grande aisance dans sa profession, » me sembla préférable à toutes les théories » qui n'auraient pas subi la même épreuve. » Je fis un voyage à Altroff en 1791; j'en » rapportai chez moi les premières notions de » la culture du trèfle. Je déterminai, non sans » un peu de peine, mes fermiers à en semer

» au printemps dernier dans huit à dix jours » des jachères de deux fermes que je possède » à Buchy-les-Solgne. L'année a été favo- » rable, et ils ont été si frappés des avan- » tages de cette culture, qu'ils n'ont pas be- » soin de plus grands encouragemens pour » mettre, l'année prochaine, la moitié de la » jachère ou versaine en trèfle (1).

» J'ai fait, à la fin de l'été dernier, un » second voyage à Altroff. J'étais avec M. » *Briant*, propriétaire à Buchy, cultivateur » éclairé et entreprenant. Nous avons visité » les établissemens de *Meister Genrich* : il » était absent; sa famille, au milieu de » l'abondance qu'elle doit à l'industrie de son » chef, nous a reçus avec une agreste et » franche hospitalité. On a répondu avec

(1) Quand je quittai l'anabaptiste, il me dit: Retenez bien la maxime suivante : « Il ne suffit pas » que le possesseur d'une terre la laboure assidû- » ment, il faut encore qu'il l'améliore par le moyen » des troupeaux ». Un des pères de l'agriculture disait de même, il y a plus de dix-huit siècles : *Qui habet prædium, habere utramque debet disciplinam, et agriculturæ, et pecoris pascendi*. (*VARO*, *De re rusticâ*). C'est le précis de la doctrine enseignée dans cet ouvrage.

» complaisance à toutes nos questions. Nous » nous sommes assurés que, dans le cours » de trois baux de neuf années chacun, le » trèfle et les autres productions alternes ont » triplé le revenu de cette ferme. Elle est de » 745 jours (1) équivalens à 457 jours trois » quarts mesure de Metz; elle a, de plus, » 300 fauchées de prés. Les 457 jours trois » quarts de terres labourables ont été distri- » bués de la manière suivante cette année :

En froment	150 jours.
— seigle, pour les liens. . . .	10
— orge	80
— fèves	8
— avoine	40
— méteil	$3\frac{1}{3}$
— navette ou en colsats	43
— pommes-de-terre.	20
— pois printaniers et autres. . .	4
— trèfle.	70
— vesces	6
— lin	3
— jachère ou versaine	20
TOTAL.	$457\frac{1}{3}$

(1) Le journal à Altroff est de 250 verges, et la verge du lieu a 8 pieds 11 pouces lignes 8 de France.

Le fermier a, dans ses jardins et chenevières, des choux, des carottes, des navets, des lentilles et d'autres légumes en quantité suffisante pour la consommation d'une famille nombreuse. On voit que la jachère n'est que la vingt-troisième partie de toutes ses terres labourables : c'est dans la variété des cultures qu'elles trouvent une autre espèce de repos.

Ce cultivateur amende avec du plâtre ses terres rouges ou noires; il ne l'emploie pas sur les terres blanches et fraîches. Il ne fume point celles où a été le trèfle ; il en sème, suivant les circonstances, dans les orges, les avoines ou les fromens. Il sème par pincées, et non à la volée. Il emploie sept livres de semence par jour de deux cents cinquante verges. Il lui est arrivé, dans des années contraires, de semer jusqu'à trois fois, et de ne réussir qu'à la dernière. Il vend beaucoup de graine de trèfle, et ses terres n'en sont point appauvries. Le jour à 250 verges lui a donné quelquefois au-delà de deux cents livres de semence. Il élève des chevaux, et il a des nourris considérables de bêtes à cornes et à laine. Ses bestiaux sont d'une belle espèce, et ses vaches lui donnent communément seize pintes de lait par jour. Nous vimes, dans sa fromagerie, une quarantaine de fromages de vingt à trente livres, que l'on pourrait prendre pour de bons fromages de Suisse.

Nous allames voir ses terres et ses tréflières : il y avait un champ qui, l'année dernière, avait produit des orges sur lesquelles il avait mis du trèfle. Ce fourrage avait été recueilli pendant l'été qui vient de finir. On avait donné, la veille de notre arrivée, un *seul labour* à cette terre, à cinq pouces de profondeur, et elle était déjà ensemencée et hersée. C'est avec une satisfaction complète que nous reconnaissions dans ces expériences faites en grand, l'exactitude et la solidité de la théorie-pratique développée dans ces Dialogues.

Il nous a paru que ce bon cultivateur n'était l'esclave d'aucune routine, et qu'il ne se laissait commander que par le temps et le sol. Il se règle aussi sur la nature du terrain pour le choix du grain auquel il veut associer le trèfle : dans les terres légères, il le sème sur l'orge ou l'avoine ; mais il a éprouvé que les terres fortes et grasses pouvaient nourrir à la fois cette plante et le froment ; dans ce dernier cas, il le sème aux premiers jours du printemps, il renonce alors à l'orge ou à l'avoine pour l'année suivante, et le trèfle se récolte deux années de suite : à l'égard des avoines, il pense qu'il n'en faut avoir que pour la consommation de la ferme, et que le trèfle donne dans la plupart des terres un plus grand profit. Ses chevaux, en hiver, ne sont nourris que de trèfle sec; il faut alors les faire boire plus que quand ils consomment du foin ordinaire. En été, lorsqu'ils sont au trèfle vert, il a soin d'y mêler de la paille hachée (1).

On va lire un calcul raisonné qui m'a été donné par M. *Briant*, et qui vient à l'appui de la pratique du fermier d'Altroff.

---

(1) Les avantages et les inconvéniens de la paille hachée ont été discutés contradictoirement et avec beaucoup de talent par deux hommes également instruits et regrettés, *Gilbert* et *Cretté de Palluel*, dans un des derniers volumes de la *Feuille du Cultivateur*. Quoi qu'il en soit de leur opinion, il paraît qu'on a, depuis quelques années, beaucoup diminué la consommation de cette denrée employée de cette manière. Ceux qui mélangent la paille avec le trèfle, préfèrent de la laisser entière, et la rendent bien plus agréable et plus appétissante pour les animaux, en en formant, sitôt après la récolte, des lits alternés avec le trèfle, dont elle emprunte alors l'odeur et le

Comparaison du produit d'un journal, mesure de Metz, semé en avoine, avec le produit d'un même journal en trèfle, semé dans les fromens de l'année précédente.

Dépense d'exploitation pour l'avoine.

Culture pour le marsage.	5 f.	» c.
Semence, deux tiers de quartes d'avoine à 3 francs.	2	»
Sarclage.	»	50
Fauchage.	1	»
Nourriture du faucheur pendant un jour.	»	50
Charroi de cent gerbes, produit moyen	1	»
Battage.	»	75
Total des dépenses . . .	10	75

parfum. Le C. *Rougier-Labergerie*, actuellement Préfet de l'Yonne, a publié un procédé fort ingénieux pour le mélange de la paille et du trèfle vert, et sur le fanage de ce dernier; mais, en convenant que cette méthode peut être très-utile dans les pays et dans les temps où les fourrages sont rares, nous ne pensons pas qu'on puisse en tirer un grand parti dans les temps ordinaires et dans les exploitations considérables.

Produit.

Cinq quartes d'avoine à 3 f. 15 f. Un demi-cent de paille à 10 f. 5	20 f.	» c.
Excédant du produit sur les frais. .	9	25

Dépense d'exploitation pour le trèfle.

Huit livres de semence de trèfle, répandues sur les fromens, à 60 centimes	4	80
Pour herser et semer	2	»
Fauchage de la première coupe. .	1	»
Voiture de la première coupe . .	1	»
Fauchage et voiture de la seconde coupe.	2	»
Total.	10	80

Produit.

Trois milliers de foin de trèfle, à 12 f. 50 c. le millier.	37	50
Le prix de la troisième coupe, tenant lieu de fumier lorsqu'on l'enterre, et le louage des voitures qui auraient conduit le fumier, peuvent être évalués à	6	»
	43	50

D'autre part. . . .	43	50
On ne laboure qu'une fois sur le trèfle avant d'y mettre le froment, au lieu qu'il faut deux ou trois labours à la terre en versaine. Cette différence donne un bénéfice de.	4	»
Total.	47	50
Excédant du produit sur les frais.	36	70
En comparant à ce produit du journal en trèfle celui du journal en avoine, qui a été de. . .	9	25
on trouve que le journal en trèfle a donné de plus	27	45

c'est-à-dire, quatre fois autant que le journal en avoine. On observera que le produit en trèfle est évalué au-dessous du rapport ordinaire, et il est probable que le bénéfice, année commune, passera 36 fr. 70 centimes par journal.

Un fermier du voisinage d'Altroff me fit une observation sur la fauchaison du trèfle qu'on veut faner, et je crois devoir la rapporter ici. On tâche de le faucher par un temps sec; si la pluie le mouille quand il est coupé, elle lui fait perdre une partie de ses sucs. Elle ne lui fait point de tort quand il est sur pied. Il ne faut pas toutefois le faucher au-delà du terme de sa parfaite maturité : cette plante, comme toutes les autres, cesse alors de profiter; le pied souffre d'une végétation arrêtée, et les coupes suivantes en sont affectées. On coupe le trèfle aussi bas que l'on peut, soit pour avoir plus de profit, soit parce que les petites souches restantes feraient du tort à la seconde pousse, en arrêtant les rejets qui demandent à sortir du pied; ils rendraient d'ailleurs les autres coupes plus difficiles. On ne le met en meule ou sur le grenier que quand il est parfaitement sec.

Le trèfle dont il s'agit dans cet ouvrage, est le grand trèfle à fleurs rouges; il est déjà très-connu dans notre pays, et j'ai cru inutile d'en donner une description botanique, ainsi que de la luzerne et du sainfoin.

L'acre, le journal ou l'arpent dont il est question dans l'original allemand dont je donne la traduction, n'y ont pas toujours les mêmes dimensions : je les ai toutes réduites à une mesure uniforme; c'est celle du jour de Metz; il a 400 verges, et l'on donne vulgairement à la verge 9 pieds 2 pouces de France.

M. *Boutier*, à qui l'agriculture a d'anciennes obligations, m'a aidé de ses lumières dans le cours de mon travail. M. *Bastien*, propriétaire à Solgne, près de Buchy, m'a communiqué le résultat de plusieurs expériences qu'il a faites sur ses terres, qu'il cultive lui-même. Il a eu la complaisance de lire deux fois ces dialogues, et il m'a indiqué les changemens que la nature du sol ou les pratiques locales rendaient nécessaires ; il espère qu'on pourra un jour anéantir jusqu'au nom de *jachère*, présentement inconnu en Angleterre et dans plusieurs autres pays. Avec les secours de ces habiles cultivateurs, ma tâche s'est réduite à rendre l'original avec simplicité et clarté : je désire d'y être parvenu.

J'ai beaucoup d'autres ouvrages en diverses langues sur la même matière. Je ne considère ces livres que comme un dépôt dont je suis comptable à mes concitoyens, et je m'engage bien volontiers à rendre public ce qu'ils contiennent d'utile, si celui-ci produit les bons effets que j'en espère.

LA RICHESSE DES CULTIVATEURS.

PREMIER ENTRETIEN, SERVANT D'INTRODUCTION.

BENJAMIN JACHÈRE.

MON cher voisin, je n'aime pas les changemens, quand je n'en comprends pas bien la nécessité ; mais je vois que, depuis que vous cultivez le trèfle et d'autres fourrages artificiels, vos bestiaux prospèrent, vos terres sont plus productives , et que vous avez toujours plus de fourrage qu'il ne vous en faut. Enseignez-moi, je vous prie, comment je dois m'y prendre pour jouir des mêmes avantages.

RICHARD TRÈFLE.

Très-volontiers : vous vous entendez bien à l'ancienne culture ; vous comprendrez bientôt la nouvelle, qui n'est guère différente. Commençons par nous instruire à fond de la culture et de l'emploi du trèfle ; nous passerons ensuite à la luzerne, et nous finirons par le sainfoin.

BENJAMIN JACHÈRE. Auquel de ces trois fourrages donnez-vous la préférence ?

RICHARD TRÈFLE. La luzerne la mériterait peut-être ; mais on peut cultiver le trèfle dans les terres à blé, sans déranger l'ordre des soles ou des trois saisons ; il fournit des engrais abondans ; il convient à presque toutes les terres, sur-tout à celles qui sont froides et argileuses. Par ces raisons, nous le mettrons à la tête de tous les autres, et nous examinerons sur-tout les procédés qu'il faut suivre pour le récolter dans la troisième sole ou saison, qu'on appelle communément *jachère* ou *versaine.*

Benjamin Jachère. Pourquoi voulez-vous avoir du trèfle dans l'année de versaine ?

Richard Trèfle. Sans prairies il n'y a point de bonne culture. Nos prés ont déjà trop peu d'étendue à proportion de nos terres à blé ; et cependant nous en défrichons tous les ans quelque morceau. A défaut de prairies naturelles, tâchons d'en avoir d'artificielles, qui valent encore mieux. Combien avez-vous de terres aux trois saisons ?

Benjamin Jachère. Cent quatre-vingt jours à quatre cents verges, mesure de Metz.

Richard Trèfle. Combien de prés ?

Benjamin Jachère. Quinze jours.

Richard Trèfle. Pouvez-vous avec cela nourrir vos chevaux, vos bœufs, vos vaches et vos moutons ?

Benjamin Jachère. Il faut que j'achète du foin tous les ans pour quarante ou cinquante écus, et quelquefois pour une somme beaucoup plus forte.

Richard Trèfle. Tous vos prés sont-ils bons ?

Benjamin Jachère. Il y en a quatre jours qui sont de peu de rapport.

Richard Trèfle. Ne pourriez-vous pas les améliorer en les fumant ?

Benjamin Jachère. Il n'y faut pas songer ; je n'ai pas assez de fumier pour mes terres.

Richard Trèfle. Je sais aussi que vos meilleurs prés ne sont pas trop bien conservés ; quelque soin que vous en preniez, tous les ans ils deviennent plus maigres. Il en est de même de tous les cantons que je connais ; et si l'on ne se hâte d'y suppléer de quelque manière, l'agriculture est en grand danger. Dites-moi si, faute de fourrages, vous n'êtes pas souvent réduit à ne donner que de la paille à vos bestiaux.

Benjamin Jachère. Assurément : il faut quelque chose au râtelier, et la paille sert à boucher un trou.

Richard Trèfle. Oui : mais si vous mettez trop de paille au râtelier, vous manquerez de litière, par conséquent de fumier, et vous aurez de pauvres récoltes.

Puisque les prairies nous manquent, cherchons un moyen de les remplacer. Essayons de tirer parti de la versaine, au moins une fois dans le courant de six années. Vous n'avez pas oublié ces temps malheureux où le fourrage a manqué totalement : il a fallu donner aux bêtes beaucoup de productions de la terre destinées à l'homme ; l'homme et les bestiaux ont également souffert, et dans beaucoup de cantons le bétail ne s'est pas encore relevé. Cultivez le trèfle, vous aurez pour l'hiver un fourrage abondant, et la disette ne sera plus à craindre pour vous. Pourquoi fumons-nous dans l'année de versaine ?

Benjamin Jachère. Vous savez comme moi que la terre s'étant appauvrie à force de produire, il faut tâcher de lui rendre sa fertilité par les engrais.

Richard Trèfle. Il faut donc recommencer tous les trois ans de la même manière ; au lieu que, par le moyen du trèfle, vous n'aurez à fumer qu'une seule fois en six ans. Vous conviendrez que cette méthode doit être préférable à la routine dangereuse que vous suivez.

Benjamin Jachère. Je n'en vois pas le danger.

Richard Trèfle. Vous allez en juger. Nous nous retrouvons, tous les trois ans, dans la versaine, et alors on recommence à labourer, à fumer et à semer. On se croit bien traité quand le blé rend six quartes pour une. Supposez actuellement des accidens, la grêle, une épizootie, le bas prix des grains; le laboureur s'endette, il vend sa paille, il a de jour en jour moins de fumier; ses récoltes diminuent, il tombe dans la misère, et trop souvent il est réduit à abandonner sa charrue : le trèfle le met à l'abri de ces revers.

Benjamin Jach. Le trèfle n'empêche pourtant pas la grêle; il ne détourne pas les orages et les autres fléaux.

Richard Tr. Non, sans doute, mais il aide à les supporter.

Benjamin Jach. Mais si vous mettez du trèfle dans la versaine, comment feront les pauvres manœuvres qui n'ont point de terre, et qui ne peuvent nourrir leur vache qu'en l'envoyant aux champs? Vous êtes incapable de proposer un changement qui fasse tort aux pauvres.

Richard Tr. J'en suis bien éloigné ; je veux, au contraire, qu'ils trouvent leur profit à côté du nôtre. Vous savez combien peu les bestiaux trouvent à pâturer dans la versaine, qui, étant cultivée trois fois, ne laisse à aucune herbe le temps de pousser ; aussi on est obligé de les nourrir à l'étable jusqu'après la fenaison, à moins qu'on ne les mène à la corde le long des chemins, des fossés ou des haies, pour chercher une nourriture insuffisante. Ne mettant que la moitié de nos versaines en prés artificiels, nous laissons encore beaucoup plus de place qu'il n'en faut pour promener les troupeaux. Je voudrais de plus que ceux qui ont autant de terres qu'il leur est nécessaire pour assurer leur subsistance et celle de leur famille, fussent exclus à l'avenir des distributions de terres communales. Je désirerais enfin qu'on accordât, chaque année, aux citoyens mal aisés des campagnes, un dixième de chaque coupe de trèfle semé dans la versaine, et non enclos, à condition qu'ils le faucheraient et ne pourraient le faire consommer sur place.

BENJAMIN JACH. Voilà qui me paraît satisfaisant. Tranquille sur ce point, je m'entretiendrai bien plus volontiers avec vous sur le reste.

SECOND ENTRETIEN.

Utilité de la culture du trèfle.

BENJAMIN JACHÈRE.

DEPUIS notre dernier entretien, il m'est venu en pensée de vous faire une question. Un laboureur qui a assez de prés, ne peut-il se passer de trèfle ?

RICHARD TRÈFLE.

Ceux qui ont de grandes prairies bien arrosées, peuvent sans doute se passer de trèfle; mais ce fourrage est absolument nécessaire à ceux qui ont beaucoup de terres et peu de prés, et c'est le plus grand nombre. D'ailleurs, quand on peut se procurer une grande provision de foin, il faut être bien pauvre cultivateur pour courir volontairement le risque des mauvaises années, qui n'arrivent que trop souvent. Savez-vous combien une vache nourrie de trèfle donne de lait ?

Benjamin Jach. Je sais qu'avec du trèfle distribué en suffisance et d'une manière convenable, les vaches donnent un tiers ou un quart de lait de plus que si elles étaient nourries aux champs.

Richard Tr. Vous concevez donc que, plus un laboureur cultivera de trèfle, plus il tirera de profit du lait, du fromage et du beurre. Vous voyez aussi qu'en nourrissant ses vaches à l'étable, il aura une bien plus grande quantité de fumier. Le fumier n'a-t-il pas de valeur ?

Benjamin Jach. Oui, et beaucoup. Une vache nourrie grassement à l'étable donne un excellent fumier.

Richard Tr. Qu'est-ce que vous semez dans la versaine ?

Benjamin Jach. Absolument rien, quand je veux donner à la terre toutes les façons nécessaires pour obtenir de bons produits en blé.

Rich. Tr. Vous payez cependant les impositions pour la terre en versaine comme pour celle en rapport.

BENJAMIN. JACH. Tout de même.

RICHARD TR. Ne seriez-vous pas bien aise de tirer profit de ce qui ne vous en a jamais donné, de voir votre bétail en bon état, et d'augmenter votre récolte en grains? Tous ces avantages, le trèfle vous les assure.

BENJAMIN JACH. Il faut pourtant que la terre prenne du repos.

RICHARD TR. C'est un abus. Si elle ne produit pas du grain ou du fourrage, on y voit croître de mauvaises herbes; le trèfle ne la fatiguera pas autant. Il lui faut du repos sans doute, si vous la cultivez négligemment, si vous lui demandez toujours la même nature de productions; mais elle peut produire une année du grain, une autre des racines, des légumes, des fourrages; les parties de la terre qui nourrissent le froment ne sont pas les mêmes que celles qui nourrissent l'avoine, les pois, les carottes, etc. Ainsi, changeons les productions de nos terres aussi souvent que nous pourrons le faire sans perte : le sol sera mieux ameubli, et, dans peu d'années, il sera délivré des mauvaises herbes qui l'épuisent sans utilité. Ne parlons plus du repos de la terre : elle est toujours active, elle ne veut pas reposer, et nous avons des preuves sans nombre qu'elle peut produire toutes les années, sans interruption, quand elle est cultivée convenablement.

Benjamin Jach. La terre pourra donc produire du trèfle au lieu d'autres herbes, bonnes ou mauvaises, pendant l'année de versaine ?

Richard Tr. Assurément. Le trèfle croîtra bravement à côté de l'orge ou de l'avoine. L'expérience prouve qu'il ne leur enlève pas plus de nourriture que les mauvaises herbes qui croîtraient nécessairement à sa place.

Benjamin Jach. D'accord : mais si je cultive du trèfle dans la versaine pour nourrir mes vaches à l'étable, ne faudra-t-il pas employer tous les jours à ce service un ou deux domestiques, à moins que le trèfle ne soit transporté sur mes voitures : vous voyez le temps que cela prend, les peines qu'il faut se donner.

Richard Tr. Voisin, vous y trouverez tant de profit, que vous ne regretterez pas vos peines ; ou plutôt, s'il y a un peu plus de travail d'un côté, il y en a moins de l'autre.

L'avantage est encore plus grand pour ceux qui n'ont qu'une ou deux vaches. Vous savez combien de temps les filles perdent à chercher quelques brins d'herbe dans les champs. N'est-ce pas une pitié de voir une femme, et quelquefois un homme, passer la journée à conduire une vache le long des haies et des fossés, la promener de place en place, pour chercher quelques touffes d'herbe qui ont à peine eu le temps de croître ? Je ne parle pas des délits, des dommages qui amènent des poursuites, des frais de justice, des amendes, etc. : une seule *échappée* suffit souvent pour ruiner des familles déjà mal aisées.

BENJAMIN JACH. Vous avez bien raison.

RICHARD TR. Le trèfle mettra fin à tant de misère. Mais voici qui n'est pas moins important : combien de labours donnez-vous à la terre durant la versaine ?

BENJAMIN JACH. J'en donne trois ; mais il n'y a pas de règle générale : si je n'ai pas bien pris mon temps, si je ne suis pas aidé par la saison, les mauvaises herbes me tourmentent ; il me faudrait quelquefois quatre, ou même cinq labours.

Richard Tr. Au moyen du trèfle, il ne vous en faudra qu'un seul, excepté dans les terres où le chiendent domine, et où il faut le détruire à force de cultures. Alors vous vous bornerez à une seule coupe, et vous sacrifierez les autres pour avoir le temps de donner plusieurs façons. Mais, en ne faisant même qu'une récolte, vous éprouverez que le trèfle épargne de l'ouvrage et donne un grand profit.

Benjamin Jach. Vous ne m'avez pas encore fait voir comment le trèfle contribue à fumer la terre. Vous m'avez dit qu'il en tire sa nourriture ; ainsi il consomme et ne fume pas.

Richard Trèfle. Vous êtes trop prompt. Le trèfle peut recevoir et donner. Il peut tirer de la terre une partie de sa nourriture, et lui rendre d'autres parties qu'il a reçues de l'air. C'est l'air qui contribue à la végétation de toutes les plantes, et principalement à celle du trèfle. On m'a assuré que, semé dans une vigne, il l'avait préservée de la gelée, que les raisins des ceps voisins de cette plante étaient plus gros et plus mûrs, et qu'il n'y en avait pas un seul gâté ; tandis que, parmi les autres, il y en avait de pourris. D'où vient cette différence ? c'est que le trèfle a la vertu de fumer et d'attirer. Il avait attiré sur lui-même les vapeurs froides, et les raisins ont été épargnés. J'ai beaucoup de confiance en celui qui m'a fait part de cette expérience; cependant, comme je ne l'ai pas fait moi-même, je conseille à ceux qui voudront s'en assurer, de se borner à semer du trèfle entre quelques rangées de ceps, et dans différentes expositions, sauf à en semer ensuite davantage, si ce premier essai leur réussit.

Voici une autre épreuve dont je suis certain, mais que je vous conseille de ne pas faire. Un homme de ma connaissance nourrissait sa vache avec du trèfle; il lui en donnait beaucoup, divisé, selon l'usage, en petites portions; il n'arriva rien à la vache tant que le trèfle lui fut donné au logis. Un jour il l'envoya paître sur la tréflière; elle enfla, et fut en grand danger.

Benjamin Jach. Expliquez-moi la cause de cet accident.

Richard Tr. Voici comment j'en rends raison. Le trèfle attire les vapeurs qui sont dans l'air; elles se rassemblent en rosée avec abondance au haut de la plante : c'est la partie de la tige que les animaux mangent avec le plus d'avidité, quand on les conduit sur une tréflière. La chaleur de l'estomac agit sur cette rosée et la développe ; de là vient l'enflure et d'autres maladies. Le trèfle étant apporté à la maison, on ne court point ces risques, soit parce qu'une grande partie de la rosée qu'il a attirée s'est dissipée, soit parce que les tiges, qu'on fauche avec les feuilles, diminuent le danger pour les bestiaux qui mangent tout ensemble.

BENJAMIN JACH. Je sais aussi que le trèfle jeune et tendre peut faire enfler le bétail.

RICHARD TR. Un jour il n'est pas malfaisant, un autre jour il mettra l'animal en péril de la vie ; aujourd'hui la rosée est abondante, demain il y en aura peu. Le jeune trèfle, plus tendre, et qui croît plus vigoureusement, en attire davantage, et doit produire des accidens plus fréquens.

BENJAMIN JACH. Maintenant expliquez-moi comment le trèfle tient lieu d'engrais : je conçois bien que la plante se nourrit de l'humidité de l'air, et que l'air contribue à la

faire

faire croître et prospérer ; mais qu'est-ce que cela fait à la terre ?

RICHARD TR. Si on enfouit le trèfle par le moyen de la charrue, il pourrit, et procure à la terre un des meilleurs engrais qu'elle puisse recevoir.

BENJAMIN JACH. Prétendez-vous qu'on l'enterre avec sa tige et ses feuilles ?

RICHARD TR. Sans doute. Le trèfle croît trois fois dans une année : il faut faire courageusement le sacrifice de la troisième coupe, et la couvrir de terre en labourant; vous serez alors dispensé d'y mettre du fumier. Plusieurs cultivateurs se bornent même à une coupe, lorsqu'ils craignent le chiendent; mais alors ils fauchent le trèfle plus tard, soit qu'ils le destinent à être mangé en vert, soit qu'ils veuillent le faire sécher.

BENJAMIN JACH. Je voudrais bien connaître en détail l'ordre qu'il convient de suivre pour établir la culture du trèfle dans les terres à blé.

RICHARD TR. Fumez abondamment le champ destiné aux blés d'hiver; vous en ferez la récolte, et vous labourerez ensuite comme à l'ordinaire : l'année suivante, vous semerez le trèfle avec les marsages ; il croîtra sous l'orge ou l'avoine, et vous faucherez le grain et le fourrage tout à la fois.

Dans l'année de versaine, aux premiers jours du printemps, on répand sur la tréflière du plâtre ou des cendres de salines : on fauche une ou deux fois dans cette même année ; on enterre avec la charrue la seconde ou la troisième pousse, afin de bien engraisser le sol par le moyen des racines, des tiges et des feuilles. Après deux coupes franches, on ne peut faire qu'un labour ; en se bornant à une seule, on a du temps de reste pour donner à la terre plusieurs façons, si elle en a besoin. On sème ensuite dans la saison ordinaire le froment ou le seigle, sans autre engrais que celui que le trèfle procure : à la versaine suivante, on ne répand point de trèfle sur le champ qui en a déjà eu, mais on recommence à la sixième année ; en sorte que la terre qui aura porté du trèfle en 1803, n'en donnera plus qu'en 1809 ; et celle qui en aura donné en 1806, n'en portera plus qu'en 1812 ; et ainsi de suite.

Benjamin Jach. Je vous prierai une autre fois de m'instruire de cette pratique d'une manière plus détaillée.

Richard Tr. Volontiers, car je prends plaisir à bien enseigner un élève aussi docile que vous.

TROISIÈME ENTRETIEN.

Avantages du trèfle, prouvés par des calculs.

RICHARD TRÈFLE.

VOISIN, combien avez-vous de jours par saison ?

BENJAMIN JAÇHÈRE.

Soixante : ce qui fait en tout cent quatre-vingt jours à 400 verges carrées, mesure de Metz ; j'ai aussi quinze jours de prés.

RICHARD TR. Avez-vous de quoi fumer suffisamment vos soixante jours à la saison ?

BENJAMIN JACH. Non pas, à beaucoup près : dans les bonnes années, quand le fourrage et les pailles abondent, je fume quarante-huit à cinquante jours ; dans les mauvaises, trente-six à trente-huit. Ainsi, année commune, je fume environ quarante-quatre jours, à raison de quatre grandes voitures de fumier sur chaque jour en versaine.

RICHARD TR. Cela fait en tout cent soixante-seize voitures. Mais, pour qu'on ne m'accuse pas de vouloir décréditer l'ancienne méthode, je suppose que vous y mettez deux cents voitures : n'est-ce pas là tout ce que vous pourriez faire ?

BENJAMIN JACHÈRE. En cultivant de mon mieux, je n'ai jamais pu en avoir davantage.

RICHARD TR. Divisez actuellement ces deux cents voitures entre soixante jours, vous aurez par jour trois voitures et un tiers : convenez que c'est là fumer misérablement.

BENJAMIN JACH. Hélas ! oui.

RICHARD TR. Je vous ai dit que non-seulement le trèfle améliore le bétail, mais qu'il engraisse et fertilise aussi les champs. Si le trèfle enterré par la charrue fertilise assez la terre pour lui faire produire du blé en abondance, l'avantage n'est-il pas infiniment grand? Je suppose que vous avez dans la versaine vingt jours de trèfle ; je ne vous parle pas encore de quatre jours de luzerne qu'il vous faudra aussi. Vous n'avez donc plus que quarante jours de versaine à fumer.

Distribuez à ces quarante jours vos deux cents voitures de fumier ; chaque jour en aura cinq, au lieu de trois et un tiers. Ne pensez-vous pas qu'alors ces quarante jours produiront davantage ?

BENJAMIN JACH. Assurément : mais nos vingt jours de trèfle, que deviendront-ils ?

RICHARD TR. Patience, nous y reviendrons. Ce n'est pas tout ; le trèfle vous met en état de tenir vos vaches à l'étable ; vous ne leur faites plus manger toute votre paille ; vous pouvez leur donner plus de litière ; vous avez un fumier meilleur et plus abondant. Pour ne pas porter trop haut cette augmentation, supposons-la seulement de quarante voitures ; vous aurez de la sorte deux cents quarante voitures de fumier ; vous en mettrez six sur chaque jour ; ils seront bien mieux amendés qu'avec huit voitures de grand fumier de paille, tel que celui que vous faisiez précédemment. Que pensez-vous à présent des quarante jours fumés à six voitures chacun ?

BENJAMIN JACH. Je pense qu'ils produiront

autant que les soixante jours fumés à trois voitures et un tiers. Mais, je vous le demande encore, que ferons-nous des vingt jours en trèfle qui n'auront pas été fumés ?

RICHARD TR. J'ai déjà dit que le champ semé en trèfle n'a pas besoin d'être fumé, et qu'il doit rendre autant que celui qui l'aura été. Vous êtes convenu vous-même que les quarante jours produiront à l'avenir ce que les soixante donnaient par le passé ; ainsi tout le trèfle et tout le grain que vous obtiendrez sur les vingt jours mis en trèfle, seront en pur bénéfice pour vous.

BENJAMIN JACH. Oui, pourvu que le trèfle réussisse aussi bien que vous le dites et que je le désire. Mais une sécheresse peut survenir en automne ; alors, adieu les labours et les semailles ; la charrue ne soulève que des mottes ou ne fait qu'égratigner la terre. Que deviendront nos grains d'hiver ? Ce sera peut-être encore pis, si vous vous voulez attendre un temps plus favorable. On touche à la fin de la saison, on a des semailles tardives ; et je n'en fais point de cas.

RICHARD TR. Ces accidens ne sont point à craindre pour ceux qui ne coupent qu'une fois la tréflière ; mais si elle l'a été deux fois, et que, par aventure, les semailles d'hiver ne puissent être faites à temps, on donnera, sur la fin de la saison, un seul labour du mieux que l'on pourra, deux autres au printemps suivant, et l'on semera de l'orge, qui sera superbe. On pourra aussi, sur quelques jours, semer des carottes avec l'orge, afin de tirer de la terre tout le parti possible. J'observe qu'il faut passer le rouleau sur la semence de carottes, pour les mettre à l'abri des attaques du puceron.

Benjamin Jach. Maintenant je conçois parfaitement que tout le produit des vingt jours semés en trèfle sera en pur bénéfice ; qu'ils se trouveront amendés sans qu'il soit nécessaire d'y conduire du fumier ; que j'aurai du fourrage que je n'avais pas ; je vois, enfin, que la culture du trèfle me procurera un profit toujours assuré, quoiqu'il puisse être tantôt plus, tantôt moins considérable.

QUATRIÈME ENTRETIEN.

De la tréflière ou du champ à trèfle.

BENJAMIN JACHÈRE.

QUELLE terre convient le mieux au trèfle ?

RICHARD TR. Le trèfle croît par-tout, et c'est la grande prérogative de cet excellent fourrage ; cependant quelques terres lui conviennent mieux que d'autres. Le sol des environs de Metz, à vingt lieues à la ronde, lui est très-propre ; s'il y a des exceptions, elles sont fort rares. Vous savez que deux espèces de trèfle, l'une à fleurs blanches, et l'autre à fleurs jaunes, viennent naturellement dans nos terres, et même sur les plus mauvaises.

BENJAMIN JACH. Me conseillez-vous de semer du trèfle dans de bonnes terres ?

RICHARD TR. Oui ; mais, par la suite, vous pourriez aussi en essayer de mauvaises. Je suppose que vous n'y récoltiez que sept à huit quintaux de trèfle ; voilà votre semence suffisamment payée ; vous avez encore des racines qui tiennent lieu de fumier, vous épargnez les voitures de celui qu'il aurait fallu conduire, et vous fumez mieux vos autres champs ; tout cela n'est pas à négliger.

BENJAMIN JACH. J'en conviens. Il sera quelquefois utile de semer du trèfle dans un mauvais sol ; mais on pourrait aussi ne pas réussir. Je désire donc connaître le terrain le plus propre au trèfle.

RICHARD TR. C'est celui qui est le plus propre à l'orge.

BENJAMIN JACHÈRE. Apprenez-moi aussi quelle est la meilleure nature de terre. Est-ce la glaise, c'est-à-dire, l'argile ou terre-à-potier ? Est-ce la terre grasse ou limon ?

RICHARD TR. Je suppose qu'un laboureur a préparé un champ, et l'a bien fumé pour le mettre en état de donner de l'orge ; si ce champ peut produire de l'orge, il produira aussi du trèfle.

BENJAMIN JACH. Ce n'est pas là me répondre. Est-ce qu'un champ convenable, par exemple, à l'avoine ou à la vesce, n'est pas également propre au trèfle ?

RICHARD TR. Il convient aussi ; mais, pour mieux nous entendre, faisons deux autres questions :

1°. Quelle terre par elle-même est impropre ou peu propre au trèfle ?

2°. Peut-on la rendre propre à cette production, et de quelle manière ?

BENJAMIN JACH. Fort bien. Dites-moi d'abord quelle est la terre qui ne lui convient pas.

RICHARD TR. C'est la terre de roche, c'est-à-dire, celle où l'on trouve le roc à quatre pouces de profondeur; ensuite vient celle qui est entièrement couverte de pierres ou de gravier.

BENJAMIN JACH. Je sais qu'en effet on y perd son temps et sa semence.

RICHARD TR. N'allons pas si vîte, voisin; si elle ne produit point de trèfle, elle sera vraisemblablement bonne pour le sainfoin; ainsi il ne faut pas renoncer à la faire valoir.

Benjamin Jach. Quels sont les autres sols où le trèfle ne se plaît pas ?

Richard Tr. Ce sont les terres de pur sable, et les bancs ou lits ferrugineux ; on peut cependant les y rendre propres à force de culture et de fumier.

Benjamin Jach. Et les glaises ou argiles, qu'on appelle aussi terres fortes ?

Richard Tr. Le trèfle y croît mal dans quelques pays ; il y réussit dans le nôtre, sur-tout lorsqu'on le sème sur le froment. Il y a même du profit à renoncer à l'avoine dans les terres de cette espèce : on emploie les chevaux plus utilement ailleurs, et la récolte du trèfle dédommage amplement de celle de l'avoine, qui y vient mal et paie à peine les frais de culture. Les terres submergées, pourries, ou absolument maigres, sont, de toutes celles que je connais, les moins propres au trèfle.

Benjamin Jach. Ainsi il y a des terrains où vous désespéreriez d'en faire croître ?

Richard Tr. Il n'y en a presque point dont on ne puisse tirer parti à force de labours, d'engrais, et par des mélanges de terre rapportée, faits avec intelligence. Dans les marécages, on fait des fossés, on trace des sillons profonds où il y a le plus de pente. Quelquefois ces terres n'ont d'autre défaut que celui d'être basses, humides et froides, et le fonds est marneux; alors elles rendent beaucoup de trèfle, et de bonne qualité, au moyen du fumier. Mais il arrive aussi très-souvent qu'il est mêlé de jonc ou de queue-de-chat; alors il ne vaut rien en vert, les animaux le rebutent; il faut le faner; le bétail le trouvera agréable à manger, et il lui sera salutaire.

Benjamin Jach. Vous m'avez dit qu'un des grands avantages du trèfle était de fertiliser toutes les terres maigres.

Richard Tr. Non pas toutes; car si elles ont été neuf ou dix ans sans fumier, elles ne produiront pas de trèfle, ou il sera si chétif, que ce ne sera pas la peine de le recueillir. C'est ce qu'on a éprouvé dans quelques terres du Palatinat, où l'on a accusé le trèfle d'épuiser le sol et de nuire à l'agriculture. Le trèfle était bien innocent; mais on l'a semé sur des terres extrêmement maigres, et il a manqué en quelques endroits. Il y a même du danger à le semer sur une terre qui a été pendant six ans privée de fumier.

BENJAMIN JACH. Je crois avoir vu le plus beau trèfle dans les terrains où la glaise est mêlée avec le sable.

RICHARD TR. C'est en effet sur ces terres qu'il croît le mieux.

BENJAMIN JACH. On prétend que les terres défrichées produisent le plus beau trèfle ; aussi ne cesse-t-on de nous conseiller de retourner les pâquis pour en faire des tréflières.

RICHARD TR. Il ne faut pas s'attendre que tous les pâquis sans distinction produiront de beau trèfle : il y en a dont le sol est ingrat et stérile ; on n'y trouve que de mauvaises herbes. D'autres ont du fonds ; la bonne herbe y croît bien. Faites de petits essais, comme je vous l'ai déjà dit. Au reste, je pense que le trèfle doit réussir sur la plupart des défrichemens.

BENJAMIN JACH. De quelle manière faut-il s'y prendre pour faire venir du trèfle sur un défrichement ?

RICHARD TR. On donne un premier labour en automne. Le printemps venu, on laboure et l'on herse encore une ou deux fois; on sème de l'avoine ou de l'orge seule; aussitôt qu'elle est coupée, on laboure de nouveau, et on laisse la terre exposée aux influences de l'air; on laboure encore une ou deux fois au printemps suivant, et l'on sème l'avoine ou l'orge avec le trèfle.

BENJAMIN JACH. N'y a-t-il pas encore d'autres méthodes?

RICHARD TR. Oui; les voici.

Seconde méthode.

Quand une prairie est fauchée, on lui donne quelques labours aussi-tôt après la Saint-Jean, on brise les mottes, on herse en long et en large, et l'on sème l'orge et le trèfle au printemps. Mais cette méthode n'est praticable que dans les terres bien desséchées, et même on préfère généralement de n'y mettre d'abord que de l'avoine ou de l'orge.

Troisième méthode.

Dans les pâquis élevés, où l'on n'est pas

incommodé par les joncs ou autres herbes marécageuses, on retourne la terre aussi-tôt après la fenaison; lorsque la terre est bien ameublie, on la herse, et l'on y sème de la navette d'hiver. On en obtient, l'année suivante, de la graine en abondance et d'excellente qualité. Quand la semence a été récoltée, on retourne de nouveau la terre, et on la prépare à recevoir l'orge ou l'avoine avec le trèfle pour la troisième année. Si la navette manque, on s'en aperçoit dès le printemps suivant, et on a le temps d'y semer de l'orge ou de l'avoine. Si, au contraire, la navette a bien réussi, il arrive souvent qu'elle verse une nouvelle semence au moment de la récolte. On laboure et l'on herse légèrement aussi-tôt qu'elle est faite. Au bout de quinze jours, on voit si cette semence lève bien; on en sème sur les parties mal garnies, et sans autre travail on se prépare une seconde récolte en navette.

Quatrième méthode.

On retourne les pâquis en automne; on les laboure au printemps, et l'on y sème des carottes. Elles sont houées deux fois, et de la sorte le sol se trouve complétement purgé des

des mauvaises herbes. L'année suivante, on sème, comme dans toutes les méthodes précédentes, l'orge ou l'avoine avec le trèfle.

BENJAMIN JACH. J'ai un pâquis rempli d'herbe à roseau; comment ferai-je pour le défricher?

RICHARD TR. Ne lui donnez, avant l'hiver, qu'un seul labour, si vous ne voulez pas risquer de ramener les mauvaises herbes à la surface; si cependant vous croyez nécessaire d'en donner plusieurs, le second doit être plus profond que le premier, et le troisième encore plus que le second. Si l'herbe à roseau est tenace et difficile à extirper, il faudra semer de l'avoine trois années de suite, avant de penser au trèfle.

BENJAMIN JACH. Lorsqu'on veut recueillir du trèfle dans la versaine, n'y a-t-il point de préparation extraordinaire à donner à la terre?

RICHARD TRÈFLE. Non; il suffit de bien fumer pour les blés d'hiver; lorsqu'ils sont coupés, on verse les chaumes aussi promptement qu'on le peut. On ne laboure cependant qu'à trois pouces de profondeur, parce que, si l'hiver était pluvieux, les eaux, retenues dans des raies trop profondes, rendraient les labours du printemps plus tardifs et plus pénibles. Au mois de Germinal, on laboure et l'on herse; aussi-tôt après, on sème l'orge et l'avoine avec le trèfle. Telle est la pratique de ceux qui veulent cultiver à fonds et avoir le plus beau trèfle. Beaucoup de cultivateurs ne donnent que les façons ordinaires des marsages, et leur trèfle réussit très-bien, quoiqu'il ne soit pas aussi beau qu'après un labour donné à la fin de l'été.

CINQUIÈME ENTRETIEN.

De la semence du trèfle.

BENJAMIN JACHÈRE.

COMBIEN de temps dure une tréflière ?

RICHARD TRÈFLE.

Trois, et même quatre ans, selon les terrains et leur bonne préparation. Cependant, dès la troisième année, on observe qu'il y a des plants morts et des places vides. Pour être plus sûr de conserver la terre en bon état, il n'y faut laisser le trèfle que deux, ou tout au plus trois ans, non compris l'année de semaille.

BENJAMIN JACHÈRE. Une de vos tréflières est déjà à sa troisième année ; dans une moitié, le trèfle est très-beau ; il y a, dans l'autre, beaucoup de places vides : d'où cela vient-il ?

Richard Tr. C'est parce qu'une moitié est plus humide que l'autre. Je vous dirai aussi que, lorsqu'on coupe le trèfle trop tard en automne, on s'expose à perdre beaucoup de plants par la gelée. N'oubliez jamais cette règle essentielle : pour la dernière coupe, il ne faut pas attendre jusqu'au 10 ou 20 Vendémiaire, à cause des gelées ou des givres ; la plante, dépouillée de toute sa tige, meurt, tandis que celle qui a eu le temps de pousser de petits rameaux et de nouvelles feuilles, se conserve pendant trois ans.

Benjamin Jach. Je m'en souviendrai, et je renoncerai à une coupe, plutôt que de m'exposer à faire périr mon trèfle en le fauchant trop tard : il ne faudrait qu'un pareil accident pour être rebuté de cette culture ; car la terre est précieuse, et la graine est rare et chère. Ne devrais-je pas réserver un demi-jour ou même un jour pour faire de la semence ?

Richard Tr. Cela dépend de la quantité de jours que vous voulez avoir en trèfle. Laissons présentement ce sujet, nous y reviendrons.

BENJAMIN JACH. Convenez pourtant qu'on ne peut être sûr de la semence qu'en la récoltant soi-même, et qu'il est d'une grande importance de n'en employer que de bonne.

RICHARD TR. Je le pense comme vous, et j'attribue sur-tout à des semences vieilles ou gâtées, les mauvais succès dont cette culture est quelquefois suivie.

BENJAMIN JACH. Peut-on employer la semence de six ou sept ans ?

RICHARD TR. Non, certainement; car la graine de trèfle étant huileuse, elle se rancit en vieillissant, et ne lève plus.

BENJAMIN JACH. N'y a-t-il pas un moyen de connaître ou d'éprouver la semence qu'on veut acheter ?

RICHARD TR. Beaucoup de gens aiment les semences nouvelles, parce qu'elles sont, au coup-d'œil, plus vives et plus brillantes. Mais je préférerais la semence d'une année dans laquelle le trèfle aura bien mûri, quand même elle aurait deux ou trois ans. Au reste, à la vue seule, on peut connaître la mauvaise. Si elle est d'un jaune sale et sans éclat, elle n'a plus la force de végéter. La bonne semence est brune ou d'un jaune de soufre, et luisante : la brune est plus généralement bonne. Dans certains cantons, ces couleurs ont une nuance de vert et de rouge. Au reste, voici un moyen immanquable de connaître promptement la qualité de la semence. On en met cinquante grains bien comptés dans un linge mouillé ; on en fait un petit paquet, et on l'enfouit dans un pot plein de terre. On le tient près de la cheminée, ou dans un endroit tempéré, et on l'arrose d'eau chaude. On examine, quelque temps après, combien de grains ont germé : s'il n'y en a que la moitié, il faut doubler la quantité de semence, et en employer cent livres au lieu de cinquante ; si elle ne germe pas du tout, elle n'est bonne à rien qu'à être jetée sur le fumier.

BENJAMIN JACH. Ne peut-il pas arriver que la semence la plus fraîche et la meilleure réussisse mal, et qu'elle soit répandue inutilement sur la terre ?

RICHARD TRÈFLE. Alors, c'est la faute du champ, qui a été mal cultivé, ou de la saison, qui a été contraire.

BENJAMIN JACH. Que faut-il faire pour ne pas courir le risque de perdre sa semence ?

RICHARD TRÈFLE. Plusieurs sont d'avis de ne semer le trèfle que huit ou quinze jours après l'avoine. A l'égard de l'orge, que l'on sème plus tard, on peut y répandre le trèfle immédiatement après que l'on a hersé.

BENJAMIN JACHÈRE. Pendant les semailles de l'orge ou de l'avoine, il peut survenir des pluies abondantes ; alors la terre est battue, elle se grumelle, et elle devient peu propre à recevoir une autre semence.

RICHARD TRÈFLE. Dans ce cas, il faut absolument herser deux ou trois fois ; et la terre ainsi préparée ne sera pas moins propre à recevoir la semence de trèfle. Il faut aussi se servir de rouleau.

BENJAMIN JACHÈRE. On peut avoir choisi avec le plus grand soin un champ propre au trèfle, et néanmoins par quelque accident imprévu, plusieurs semaines s'écouleront sans que la semence lève ; que convient-il alors de faire ?

RICHARD TR. S'il n'y a pas eu de pluie,

il ne faut pas désespérer ; mais si, après un mois ou six semaines, et quoiqu'il ait plu, elle n'est pas levée, il est probable qu'elle ne vaut rien ; vous attendrez que le temps paraisse de nouveau pluvieux ; alors, ou même après une petite pluie, hersez et semez une seconde fois le trèfle, quand même l'orge ou l'avoine auraient dix ou douze pouces de haut.

BENJAMIN JACHÈRE. Êtes-vous d'avis de faire tremper la semence de trèfle avant de la répandre ?

RICHARD TRÈFLE. Non. Cette pratique peut réussir quelquefois, mais elle peut aussi faire fermenter et pourrir la semence : le meilleur secret est d'en avoir de bonne, et de semer à propos.

BENJAMIN JACH. Comment faut-il semer le trèfle ?

RICHARD TRÈFLE. Les uns le mêlent bien avec des cendres ou de la terre fine bien sèche, et sèment à pleine main, comme le grain ; les autres sèment avec les doigts, comme la navette ; j'approuve fort cette dernière méthode. Un bon semeur de navette s'entendra bien à semer le trèfle.

Benjamin Jach. Combien faut-il de semence sur un jour de terre ?

Richard Trèfle. Sur un jour de 400 verges carrées, mesure de Metz, on sème neuf à dix livres de bonne semence, et de la sorte le trèfle n'est ni trop clair ni trop épais. La règle est de semer plutôt dru que menu. Le chiendent est à craindre ; quand nos terres en seront purgées, nous pourrons nous contenter de sept à huit livres de semence. Vous voyez quelquefois un champ aussi bien empouillé avec huit livres, que le champ voisin avez douze, quoique la terre soit la même, et qu'ils aient été fumés et labourés aussi bien l'un que l'autre : c'est que l'un a été ensemencé par un bon semeur, et l'autre par un maladroit.

Benjamin Jachère. Ne faut-il pas choisir son temps pour semer le trèfle ?

Richard Trèfle. Il faut que le temps soit calme : on ne fait rien qui vaille, si l'on sème quand il vente ou par une grande pluie.

Benjamin Jachère. Dans quel mois faut-il semer ?

Richard Trèfle. C'est selon les climats : on peut semer en Germinal, Floréal et Prairial, et même plus tard. Je préfère le milieu de Germinal, parce qu'alors le puceron est moins à craindre. Si vous tardez trop, il est possible que vos semences lèvent bien, et que les pieds naissans soient mangés par ces insectes.

Benjamin Jachère. Si je suis obligé de semer tard, comment ferai-je pour me garantir de leurs ravages ?

Rich. Tr. Je ne connais aucun moyen bien certain d'écarter ce fléau. Le plâtre paraît être contraire aux pucerons ; mais si de grandes pluies l'entraînent, son effet est perdu. D'ailleurs on n'est pas toujours à portée d'en faire usage. A mon avis, le meilleur moyen de se garantir du puceron, c'est de passer avec soin le rouleau sur la terre, et même de la piétiner, si l'on a peu de trèfle. La tige a plus de force quand elle sort de terre, et les racines donnent bientôt de nouvelles feuilles, quand les premières sont dévorées. On se trouve bien aussi de le semer dans un terrain sec, quand l'orge ou l'avoine ont déjà quelques pouces. Le grain continue à croître ;

son herbe répand sur le trèfle une ombre désagréable au puceron, qui cherche une terre plus exposée au soleil.

BENJAMIN JACHÈRE. Il y a des laboureurs qui répandent la semence du trèfle avec ses petites gousses.

RICHARD TR. De cette manière on s'épargne la peine de battre et de vanner la semence ; mais, d'un autre côté, il est indispensable de herser. D'ailleurs, il est plus difficile de répandre également la semence dans ses gousses, que lorsqu'elle en est dépouillée. On risque encore de laisser de la mauvaise semence avec la bonne.

BENJAMIN JACH. Ne s'expose-t-on pas à semer trop, ou trop peu.

RICHARD TR. Il est vrai qu'on est moins sûr de son fait. On peut cependant battre et vanner la vingtième partie de la semence conservée dans ses gousses. Si ce vingtième pèse une livre, on peut compter que le reste est égal à vingt livres de semence pure. Le trèfle, dans ses gousses, viendra mieux semé seul, qu'avec d'autre grain déjà levé. J'ai vu des tréflières semées de la sorte réussir complétement, tandis que d'autres avaient manqué. L'on peut, d'ailleurs, en le semant seul, obtenir deux coupes dès la première année, parce qu'alors il croît plus vîte que celui qui est sous les blés ou les marsages.

BENJAMIN JAC. Faut-il semer autant d'orge ou d'avoine avec le trèfle que sans le trèfle ?

RICHARD TR. On ne sème en général que les trois quarts de la quantité ordinaire.

BENJAMIN JACH. Ne peut-on pas aussi semer le trèfle sur les fromens, ou sur les autres grains d'hiver ?

RICHARD TR. Oui ; mais on attendra jusqu'au printemps pour le semer ; si on le semait à l'automne, la plante jeune et tendre ne pourrait résister aux grands froids de l'hiver. On ne court pas ce danger au printemps ; et d'ailleurs le trèfle est alors protégé par le seigle ou le froment. Les Hollandais sèment le trèfle en Germinal ou Floréal, sur le seigle, dans une terre nouvellement fumée, et nettoyée de mauvaises herbes par de bons labours ; mais, au lieu de la herse, ils se servent du rouleau. Dans la première année qui suit celle de la semence, ils ont trois coupes entières de trèfle; dans la seconde, ils en ont deux, et ils enterrent la troisième.

BENJAMIN JACH. Par cette méthode, on n'a ni orge ni avoine dans la saison des marsages; on perd aussi le seigle ou le froment qui aurait cru à la place de chaque pied de trèfle.

RICHARD TR. Il est vrai; mais chacun doit savoir et faire ce qui lui est plus profitable. Pour moi, qui n'ai jamais eu que de médiocres récoltes en avoine, je n'en sème que pour la consommation de ma ferme. Je trouve plus de profit à récolter du trèfle pendant l'année de marsages et celle de la versaine, et je sème toujours du trèfle sur près de la moitié de la saison des fromens.

BENJAMIN JACH. Ne pourrait-on pas, aussitôt que les seigles sont coupés, labourer le champ, et semer le trèfle sans perdre de temps?

RICHARD TR. Si l'on sème le trèfle dès le mois de Fructidor, on peut encore espérer qu'il levera, prendra pied, et sera en état de résister à la gelée; dès l'année suivante, on pourra en profiter; mais si l'on ne sème qu'en Vendémiaire ou Brumaire, les gelées sont trop à craindre.

BENJAMIN JACH. Ne le sont-elles pas aussi pour le trèfle semé au mois de Fructidor?

RICHARD TR. Oui; si l'automne est sec, le trèfle ne prend point de force, et l'on court risque de perdre toute sa semence.

BENJAMIN JACH. Lorsque le trèfle est semé sur l'orge ou l'avoine, on n'a, pour la première année, avec le grain, que des pailles un peu meilleures, parce qu'il s'y trouve déjà quelques brins de trèfle. Il ne faut sans doute pas compter sur la coupe d'automne; je voudrais bien cependant qu'on pût, dès sa première année, en tirer parti.

RICHARD TR. Mettez-le avec des pois printaniers semés clairs; vous ferez couper les pois de bonne heure, pour donner de l'air au trèfle. On peut aussi, au printemps, le semer sur le seigle; on en fera deux coupes pour le donner en vert; mais ce procédé n'est bon que pour ceux qui veulent avoir du fourrage dès le commencement de l'été ; et tous les autres fourrages mêlés pourront donner le même profit.

BENJAMIN JACH. Comment s'y prend-on pour avoir ces autres fourrages mêlés ?

RICHARD TR. Il faut d'abord bien fumer et labourer la terre à fonds ; on semera ensuite un tiers de seigle d'été, d'avoine, ou de sarrasin, ou de vesces. Après avoir hersé, on semera le trèfle, sur lequel on passera le rouleau ou une herse légère.

BENJAMIN JACH. Il n'y a pas long-temps que j'ai vu un champ où l'on avait semé le trèfle avec les lentilles.

RICHARD TR. Ce mélange est fort bon : les lentilles sont à préférer aux pois, parce qu'elles donnent de l'ombre au trèfle, sans l'étouffer.

BENJAMIN JACH. Que pensez-vous du trèfle sous le chanvre ?

RICHARD TR. Je ne le conseille pas ; car, quand on arrache la plante, on arrache en même temps beaucoup de jeune trèfle. Je vais vous apprendre une autre manière de le semer ; c'est avec la navette d'été, et il vous donnera autant de profit qu'avec l'orge. On peut aussi semer la luzerne avec la navette d'été.

BENJAMIN JACH. Puisqu'on sème du trèfle avec les blés d'hiver et avec les marsages, ne pourrait-on pas aussi en semer dans la versaine ?

RICHARD TR. La terre a rarement assez de force pour que cette méthode réussisse, et je ne la conseille qu'à ceux qui pourraient lui donner beaucoup de fumier. Il faut alors des amendemens extraordinaires et trop abondans pour qu'ils puissent aisément se trouver ; d'ailleurs, on bouleverse l'ordre des soles ou saisons, et l'on tombe dans la confusion.

BENJAMIN JACHÈRE. Ainsi, nous nous en tiendrons à la méthode ordinaire, qui consiste à semer le trèfle dans les marsages.

RICHARD TR. C'est là certainement ce qu'il y a de mieux pour les laboureurs auxquels il faut du grain ; mais il y en a qui trouvent du profit à nourrir du bétail petit ou grand : chacun agira d'après son expérience et selon ses intérêts. Si, avec le temps, on tient moins

strictement

strictement à l'ordre des trois saisons, si l'on essaie de nouveaux assolemens assortis au climat et à la nature de la terre, ce sera une preuve qu'on sera parvenu à bien connaître tous les avantages des prairies artificielles et des cultures variées.

SIXIÈME ENTRETIEN.

Des soins qu'il faut prendre du trèfle en automne et au printemps.

BENJAMIN JACHÈRE.

J'AI profité des leçons que vous m'avez données : il y a trois mois j'ai semé du trèfle avec les marsages ; ils viennent d'être fauchés ; le trèfle et l'orge sont ensemble sur la terre : que reste-t-il à faire avant de les engranger ?

RICHARD TRÈFLE.

Laissez-les quatre à six jours sur la terre, afin que le soleil puisse les sécher d'un côté ; ensuite vous les retournerez avec le manche du râteau, pour que l'autre côté puisse sécher pareillement ; ayez grand soin de ne retourner que le matin ou vers le soir.

BENJAMIN JACH. Cette opération est-elle donc si nécessaire ?

Richard Tr. Elle est indispensable : ce serait grand dommage d'engranger l'orge quand le trèfle qui s'y trouve est à demi-sec ; dans cet état, il se gâterait et pourirait infailliblement la paille, et même le grain. Il faut prévenir cet accident, et la chose vaut bien la peine d'une façon de plus.

Benjamin Jach. Mais celui qui a beaucoup de trèfle, n'a pas assez de temps pour une aussi longue opération.

Richard Tr. Alors il laissera l'orge plus long-temps sur la terre ; il fera ensuite transporter sa récolte dans l'endroit le plus aéré de la grange.

Benjamin Jach. Je suppose que mes orges sont enlevées, mon trèfle va bien pousser ; faudra-t-il que je le fasse faucher ?

Richard Tr. S'il a cru très-vîte, vous pourrez le faire faucher dès la première année, quelques semaines après l'orge ; vous le ferez faner, et il conviendra parfaitement aux agneaux et aux jeunes veaux.

Benjamin Jach. Ne pourrai-je pas le donner en vert aux animaux ?

RICHARD TR. Vous le pourriez, mais avec la même précaution dont il faut user pour le trèfle fauché au printemps; nous en parlerons un de ces jours. Il me suffit à présent de vous dire qu'il faut bien se garder de faire couper ou faucher le trèfle trop tard, quand les chaleurs ont cessé, et quand on peut craindre les gelées.

BENJAMIN JACH. Que pensez-vous de ceux qui, en automne, font paître les brebis sur la tréflière ?

RICHARD TR. Ils lui font beaucoup de mal : le bétail attaque le trèfle jusqu'aux racines, et de la sorte il détruit beaucoup de pieds, et fait perdre l'espérance des coupes futures; quand même le trèfle aurait une troisième pousse en automne, je ne le ferais point paître, parce que ses feuilles, après être tombées, pourissent sur la terre, et lui tiennent lieu d'engrais.

BENJAMIN JACH. Comment se garantir de la herde ou vaine pâture ?

RICHARD TR. Quelques-uns usent d'un stratagême; ils disent au berger : « Prends » garde au trèfle, j'y ai semé du plâtre; si

» les bêtes y touchent, elles creveront ». Je n'aime pas ces artifices; et quand on y a recours, c'est une mauvaise marque; c'est aux officiers publics à contenir le berger, et à faire respecter les lois sur le parcours et la vaine pâture.

Benjamin Jach. Est-il vrai que le plâtre cuit fait crever les brebis?

Richard Tr. Oui, l'humidité de l'estomac fait durcir le plâtre et le rend mortel; aussi est-il un bon spécifique contre les souris et les rats.

Benjamin Jach. Quels soins demande le trèfle en automne?

Richard Tr. Il ne demande qu'à être fumé; il faut alors lui donner du fumier long; il met le trèfle en état de braver le froid, et il fournit des sucs alimentaires à la végétation. On a soin de le répandre également, et de manière qu'il n'étouffe pas la plante. A défaut de fumier, on y met du plâtre.

Benjamin Jach. Vous avez dit du mal du plâtre, et présentement vous voulez en faire un amendement?

Richard Tr. Le plâtre cuit est un poison; mais le plâtre cru, employé avec mesure, est très-utile aux terres; on l'y répand comme la semence.

Benjamin Jach. Je n'ai jamais vu de plâtre brut; apprenez-moi ce que c'est.

Richard Tr. C'est une pierre qu'on appelle *gypse;* une description ne vous servirait pas à grand'chose; c'est une substance qu'il faut mettre sous les yeux des cultivateurs, en leur disant : voilà du plâtre. C'est comme cela que j'ai appris à le connaître.

Benjamin Jach. Avant de répandre le plâtre sur les champs, il faut sans doute le broyer bien menu, et, pour ainsi dire, le réduire en poudre?

Richard Tr. Assurément il faut qu'il soit réduit en poussière.

Benjamin Jach. Comment s'y prend-on?

Richard Tr. De différentes manières : il y a du plâtre qui n'est point dur; on le concasse avec de gros marteaux, et on le passe au crible. Quand on n'a besoin que de quelques mesures, on se sert du mortier; lorsqu'il est très-dur, il faut le rompre à grands coups de masse ou avec des pilons; enfin les pierres des moulins à cidre sont encore bonnes pour cette opération.

BENJAMIN JACH. Quand convient-il de répandre le plâtre sur les champs ?

RICHARD TR. Au mois de Ventôse, quand la neige commence à disparaître.

BENJAMIN JACH. Combien faut-il de plâtre sur un jour de terre ?

RICHARD TR. La même quantité que de semence.

BENJAMIN JACH. Quelles sont les propriétés du plâtre ?

RICHARD TR. Il n'a proprement point la faculté de fumer, mais il attire puissamment l'humidité de l'air; il transmet à la terre des particules nutritives dont le trèfle profite; il contribue aussi à ameublir le sol.

BENJAMIN JACH. Est-ce dans les années humides ou dans les années sèches, que le plâtre produit le plus d'effet ?

Richard Tr. C'est dans les années sèches qu'il a le plus de vertu : voyez alors le trèfle sur lequel on a semé du plâtre ; vous lui trouverez toujours une certaine humidité ; si on ne l'a cependant semé qu'à la fin de Germinal, ou en Floréal ou en Prairial, et qu'il survienne une sécheresse, le plâtre ne sert pas à grand'chose, ou il ne sert même à rien ; mais dans les temps humides ou pluvieux, il attire la moiteur répandue dans l'air, et il la transmet à la terre et aux prairies.

Benjamin Jach. Mais ne leur portera-t-il pas trop d'humidité dans les années pluvieuses ?

Richard Tr. Alors il a encore son utilité : il attire à lui le superflu de l'eau dont la terre est humectée, et elle sèche plus promptement ; cependant, lorsque l'humidité est très-grande, il n'est d'aucune utilité. La méthode d'amender par le plâtre a eu des contradicteurs, mais une foule d'expériences les a réduits au silence.

Benjamin Jach. Je puis donc compter fermement que le plâtre produira de bons effets sur mes champs ?

Richard Tr. Assurément. Voici une expérience qui a été faite il y a quinze ans, et dont je vous garantis l'exactitude. Le propriétaire d'une tréflière la divisa par des piquets numérotés, fichés en terre de vingt pas en vingt pas, et placés dans la raie du champ; dans un même jour, il fit répandre, sur chaque division, des fumiers ou engrais de différentes espèces : il fuma l'une avec du fumier de brebis, l'autre avec du fumier de vache, la troisième avec du fumier de cheval; il mit sur la quatrième de la marne; sur la cinquième, des boues de fossés et d'étangs; sur la sixième, du plâtre; sur la septième, des cendres de cuisine; sur la huitième, des cendres de salines; sur la neuvième, de la chaux; sur la dixième, enfin, du fumier de poules et de pigeons.

Le trèfle de la division du plâtre fut le premier à se montrer, et, dans le cours de la saison, il eut toujours des tiges plus fortes et plus nombreuses. On a eu aussi, dans les années 1782, 83, 84 et autres, qui ont été fort sèches, la preuve des avantages du plâtre : ceux qui en avaient semé, ont eu de belles avoines et de beau trèfle; par-tout ailleurs ces productions ont été maigres et rares.

Le plâtre conserve pendant trois ans la vertu d'attirer l'humidité ; après ce temps il est usé et sans force.

BENJAMIN JACHÈRE. Ne pensez-vous pas que la trop grande quantité de plâtre pourrait bien rendre les champs et les prairies stériles ?

RICHARD TR. Oui, sans doute, si l'on fumait avec le plâtre pendant quatre ou cinq ans de suite : il faut amender alternativement avec du plâtre et du fumier ordinaire ; on ne risque rien en amendant tous les six ans avec du plâtre, si l'on a soin, dans l'intervalle, de répandre du fumier ordinaire.

BENJAMIN JACH. Comment feront ceux qui n'ont point de plâtre ?

RICHARD TR. Les diverses pierres à chaux pulvérisées et non brûlées, peuvent en tenir lieu ; il faut seulement en répandre un peu plus abondamment.

BENJAMIN JACHÈRE. Si la pierre à chaux a la vertu d'amender, les autres pierres ne produiront-elles pas le même effet ?

Richard Trèfle. Assurément : pourquoi la boue des rues et des chemins, et même celle des routes où il passe très-peu d'animaux, sont-elles employées comme amendement ? C'est parce que les pierres, broyées par les roues des voitures, produisent le même effet que le plâtre. On peut aussi se servir de suie et de cendres de salines, mais le sable et le grès ne valent rien.

Benjamin Jach. Combien prend-on de cendres de salines pour un jour de terre ?

Richard Tr. Il en faut un plein sac à blé. On peut y suppléer de la manière suivante : à quatre parties de cendres ordinaires, on en ajoute une cinquième de sel de cuisine ; on remue bien le tout, on y répand fréquemment de l'eau ordinaire, ou celle qui coule des fumiers ; dans un mois on a un excellent amendement.

Benjamin Jach. Dans quel temps faut-il le mettre sur les champs ?

Richard Trèfle. Brumaire est le meilleur temps : s'il est répandu au printemps par un temps humide, et qu'il survienne une pluie propre à le dissoudre et à l'étendre, ses effets sont également bons; mais, s'il y a de la sécheresse, il est à craindre qu'il ne brûle.

Benjamin Jachère. Ne pourriez-vous pas m'indiquer un autre amendement efficace et à bon marché pour le trèfle ?

Richard Tr. Je me sers aussi du salpêtre, et voici comment je l'emploie : je fais ramasser dans mon bûcher les vieilles sciures de bois, je les fais arroser avec des eaux de fumier, on y mêle six livres de salpêtre; en Germinal, par un temps pluvieux, je fais semer ce mélange comme le grain, mais en double quantité : le trèfle s'en trouve parfaitement bien, et pousse beaucoup plus vigoureusement.

Benjamin Jach. Y a-t-il quelque chose à faire à la tréflière au printemps ?

Richard Tr. Rien, si ce n'est de ramasser au râteau le fumier qu'on y a transporté; on herse ensuite avec une herse de bois à laquelle on a entrelacé des branches d'épines, et le trèfle s'en trouve bien.

Benjamin Jachère. Et si l'on s'aperçoit, au printemps, que le trèfle est très-clair ?

Richard Tr. Il est trop tard au printemps de faire cette observation; c'est dès l'automne qu'il fallait la faire ; si le trèfle est mal venu, il faut, dès l'automne, labourer le champ, ou le sol sera bientôt gâté.

Benjamin Jach. Il peut cependant arriver que le trèfle soit beau et épais en automne, et qu'il dépérisse au printemps.

Richard Tr. Le trèfle ne se gâte pas si aisément quand on en a pris soin et qu'on l'a couvert de fumier; si cependant cela arrive, il faut aussi-tôt labourer le champ et y verser de l'avoine ou quelqu'autre grain d'été.

Benjamin Jach. S'il y a beaucoup de plants de trèfle, mais qu'ils soient petits, maigres et pauvres, que faudra-t-il faire ?

Richard Tr. Faites-le faucher, et traitez votre champ comme une friche que vous voudriez mettre en culture. Ne craignez cependant pas que la richesse du sol fasse taller vos végétaux et verser les épis ainsi que dans une prairie nouvellement défrichée. La faiblesse des plants de trèfle annonce, au contraire, la pauvreté de la terre.

SEPTIÈME ENTRETIEN.

Du trèfle vert et sec.

BENJAMIN JACHÈRE.

ALLONS faire un tour sur la tréflière, pour voir si le trèfle vient bien.

RICHARD TR. Vous voyez qu'il est épais et qu'il est déjà grand.

BENJAMIN JACH. Est-il temps de le couper pour le donner en vert ?

RICHARD TR. C'est une règle générale de ne point faucher trop tôt le trèfle ; car, sans parler de l'enflure du bétail, on porte préjudice à la récolte; elle est toujours moins abondante quand elle est faite trop tôt.

BENJAMIN JACH. Prouvez-moi qu'en coupant de bonne heure et fréquemment, on récolte moins.

RICH. TR. On en a des preuves convaincantes : j'ai fait faucher quelques pieds de trèfle trois fois dans six semaines ; je n'en ai eu que dix livres à chaque fois ; mais une seule coupe, après une crue de six semaines, m'a donné cent livres pesant : vous voyez qu'il y a beaucoup de perte quand on fauche trop tôt et trop souvent.

BENJAMIN JACHÈRE. Cependant, on a besoin de bonne heure de fourrages ; si l'on attend que le trèfle ait fleuri, on ne pourra pas le donner tout en vert ; celui qu'on donnera le dernier, sera dur et chanveux ; le bétail s'en dégoûtera, et l'on n'en tirera pas grand parti.

RICHARD TRÈFLE. Vous avez raison, il ne faut pas attendre que le trèfle soit en pleine fleur ; quand les boutons commencent à se montrer de côté et d'autre, il est temps de couper ou de faucher.

BENJAMIN JACH. Est-ce dès le grand matin qu'il faut faucher ?

RICHARD TRÈFLE. Non ; quand la rosée est encore sur le trèfle, il ne faut pas faucher ; il faut attendre jusqu'à sept ou huit heures ; alors le soleil a déjà pompé la rosée, et il est temps.

BENJAMIN JACH. Comment ferai-je s'il vient à pleuvoir quand il sera temps de faucher ?

RICHARD TR. Si vous êtés obligé de faucher et de mettre au logis votre trèfle mouillé, portez-le dans le grenier après avoir répandu un peu de paille sur le plancher : vous empêcherez de la sorte qu'il ne s'échauffe et ne s'aigrisse, ce qui ferait du mal aux bestiaux.

BENJAMIN JACH. Ne pourrait-on pas, dans les temps secs, en rapporter une grande quantité au logis, et en faire provision en vert ?

RICHARD TR. Non ; il s'échaufferait, et cela ne vaut rien.

BENJAMIN JACH. Combien de fois peut-on couper le trèfle en été pour le donner vert aux bestiaux ?

RICHARD TR. Je ne puis vous faire une réponse générale : on le coupe deux fois, et même

même trois; cela dépend de la saison et de la nature du champ à trèfle : ordinairement il pousse trois fois; les deux premières crues sont destinées aux bestiaux, la troisième est enterrée un labour comme au engrais.

BENJAMIN JACH. Mais, si l'on veut conserver le trèfle jusque dans la troisième année, ne peut-on pas, à la seconde, le faucher trois fois?

RICHARD TR. Fauchez-le autant de fois qu'il croîtra avant le 1er. Vendémiaire; mais je préfère la méthode de ne faucher que deux crues, et d'enterrer la troisième pour servir d'engrais aux grains d'hiver.

BENJAMIN JACHÈRE. Pourquoi ne voulez-vous récolter le trèfle que dans l'année de versaine?

RICHARD TR. C'est que, pour garder le trèfle trois ans, il faut l'associer aux blés d'hiver, auxquels il peut faire tort, tandis qu'au contraire il bonifie les marsages; d'ailleurs, le trèfle n'est pas si abondant la troisième année que la seconde : vous verrez des vides dans la tréflière; la mauvaise herbe prend la place du trèfle, le champ se durcit, et le plâtre y contribue aussi.

BENJ. JAC. J'ai présentement plus de trèfle vert qu'il n'en faut à mes bestiaux ; je voudrais bien le faire faner, il faut du fourrage pour l'hiver : mais je crois cette opération difficile.

RICHARD TR. Il faut un peu de patience et d'attention ; mais la chose n'est pas si difficile que vous l'imaginez.

BENJAMIN JACHÈRE. Quand faut-il faucher la première pousse qu'on veut faner ?

RICHARD TRÈFLE. Quand il est en pleine fleur, douze ou quinze jours avant la Saint-Jean ; le temps est alors très-favorable ; il faut se diligenter et faucher sans retard ; car, si les pluies viennent, on ne séchera pas aisément.

BENJAMIN JACHÈRE. Je suppose que nous soyions favorisés par le temps ; le trèfle est coupé, le soleil sèche à souhait : comment ferons-nous pour bien le faner sans qu'il perde ses feuilles ?

RICHARD TRÈFLE. Il faut laisser les andains (ondains) sur la terre sans y toucher, pendant cinq à six jours, et même huit ou neuf, si le temps l'exige ; lorsqu'il est parfaitement sec au-dessus, et qu'il n'y a plus d'eau dans les tiges, vous le retournez avec la fourche ou avec le manche du râteau le matin et le soir, et à chaque fois vous rapprochez deux andins en les retournant. Lorsqu'après quelques jours il est entièrement sec de l'autre côté, vous le roulez pour l'amonceler vers le soir, après la rosée, ou même le matin, et vous en formez de petits tas ; vous ramenez au râteau tout ce qui pourrait avoir échappé à la fourche, et dès le matin vous l'engrangez ; il ne faut pas, dans les jours chauds, différer jusqu'après huit ou neuf heures ; autrement les feuilles et les boutons de fleurs, qui sont la meilleure partie du trèfle, se détachent.

BENJAMIN JAC. N'y a-t-il pas encore d'autres méthodes de faner le trèfle ?

RICHARD TR. Dans quelques endroits on laisse les andains sur terre pendant une couple de jours ; ensuite on met le trèfle en petits tas que l'on retourne une fois par jour, le matin ou le soir, de sorte que la partie supérieure soit mise dessous, et que celle d'en-bas vienne au-dessus. Les tas doivent avoir un pied à un pied et demi de haut, de façon que le journalier puisse en embrasser un tout entier, et le retourner en une seule fois.

BENJAMIN JACHÈRE. Comment faire si une grande pluie vient à tomber ?

RICHARD TRÈFLE. S'il pleut aussi-tôt qu'on a fauché, laissez le trèfle en andains, sans vous en embarrasser, il ne se gâtera pas pour cela; quand le soleil aura reparu, vous donnerez de l'air aux andains, ou avec la main ou avec un manche de râteau; ce n'est point cependant à la chaleur du jour qu'il faut faire cette opération; elle doit être faite le matin ou le soir, après que la rosée est tombée.

BENJAMIN JACH. N'y a-t-il pas encore d'autres méthodes de faner le trèfle, lorsqu'on est incommodé par la pluie ?

RICHARD TRÈFLE. On peut alors le faner sur des séchoirs ; ce sont des pieux fichés en terre, traversés par des bâtons sur lesquels on expose le trèfle à l'air ; il sèche dans la moitié du temps qui lui est nécessaire quand on le laisse sur la terre. Cette méthode est bonne dans les pays où le bois n'est pas rare. Voici encore un autre moyen : on peut faire sécher le trèfle sur les échelles des voitures, parce que, étant ainsi élevé, l'eau de pluie en égoutte, l'air pénètre à travers les tiges, et il est beaucoup plutôt fané.

BENJAMIN JACH. Je conçois que cela va plus vîte que quand le trèfle est sur terre ; mais je crois toujours que cela n'est praticable que pour de petites quantités. Sans doute que ce que vous venez de me dire sur la manière de faner la première coupe, peut s'appliquer à la seconde ?

RICHARD TRÈFLE. Oui.

BENJAMIN JACHÈRE. Vous m'avez fait observer précédemment qu'il fallait mettre le trèfle au logis aussi-tôt après la rosée du matin ; cette rosée ne lui fera-telle point de tort, si on l'engrange avant que le soleil l'ait attirée ?

RICHARD TR. Elle s'évapore bien vîte, soit qu'on porte le trèfle sur un grenier ouvert ou dans une grange aérée, soit qu'on le mette en meule.

Benjamin Jach. Qu'est-ce que vous appelez une meule ?

Richard Trèfle. C'est du trèfle rassemblé en plein air, sur un petit châssis d'ais ou de fagots qui le sépare de la terre d'environ un pied ou deux ; il y a au centre un soupirail ou conduit d'air qui communique au-dessous du châssis, et s'élève jusqu'au sommet de la meule ; ce conduit ou tuyau a environ trente-six pouces en carré, et le toit qui le couvre ne touche point au trèfle : ces meules conservent le trèfle en bon état et long-temps.

Benjamin Jach. N'est-il pas à craindre que la meule ne s'échauffe ?

Richard Tr. Quand la dessiccation l'a rendu cassant et sonore, il n'est pas à craindre qu'il s'échauffe. Il faut avoir soin de ne pas trop presser les lits du trèfle, mais de les jeter légèrement les uns sur les autres ; il s'affaisse peu à peu et il tisse de lui-même.

Benjamin Jach. Les meules sont bonnes pour les grands propriétaires ; mais nous autres, nous avons trop peu de trèfle pour employer cette méthode ; d'ailleurs elle est trop coûteuse.

Rich. Tr. Je l'ai cru comme vous ; mais voici une construction que j'ai exécuté moi-même, et qui m'a très-peu coûté.

Choisissez dans votre cour une place sèche et qui soit à l'abri des eaux stagnantes et des gouttières ; ayez cinq pieux forts et d'environ trente pieds de longueur, plus ou moins, à proportion de la hauteur que vous voulez donner à la meule ; faites tracer à terre un cercle qui ait quatre à cinq pieds de diamètre ; enfoncez les cinq pieux sur ce cercle, et à égale distance les uns des autres ; nouez-les vers l'extrémité supérieure avec un lien fait d'écorce ou de toute autre manière, de sorte qu'ils représentent une pyramide ; pratiquez un trou dans le plancher ou châssis, au milieu de ce cercle ; placez ensuite le trèfle de manière à donner une forme ronde à la meule, appuyez-le autour des pieux, sans en mettre en dedans ; élevez-le jusqu'à un pied au-dessous de la corde qui lie les cinq pieux, de sorte qu'il reste toujours un passage à l'air. Vous formerez aisément un petit toit avec de la paille, lequel sera attaché à l'extrémité des pieux ; il faut encore un autre toit au-dessous du trou supérieur, pour couvrir immédiatement le trèfle ; il se conserve encore mieux dans ces meules que dans les meilleurs greniers.

Benjamin Jach. Quelque méthode que l'on suive, il faut bien prendre garde que le trèfle ne s'échauffe ; car alors il s'aigrit, et les animaux le rebutent.

Richard Tr. Vous avez raison ; c'est pour cela qu'il faut avoir grand soin de ne point le fouler en formant la meule, mais le poser légèrement, de façon que l'air le traverse et en enlève l'humidité : il faut ouvrir soigneusement les portes et fenêtres, lorsqu'on le met dans les greniers. J'ai aussi trouvé beaucoup d'avantage à la méthode suivante : on met entre chaque voiture de trèfle portée sur le grenier, un lit de paille d'environ l'épaisseur de la main ; comme le trèfle a beaucoup de suc dans ses tiges, la paille en attire l'humidité et l'empêche de se moisir.

Benjamin Jachère. J'ai semé du trèfle sur un jour de 400 verges carrées ; combien de quintaux me donneront deux coupes?

Richard Tr. Un calculateur exact prétend qu'une récolte abondante donne cinquante-cinq quintaux, et qu'une récolte médiocre en rend quarante-deux. Nous serons contens si nous avons trente-six à quarante-cinq quintaux, environ quatre milliers.

Benjamin Jach. Malgré toutes vos précautions, l'année pourra être si pluvieuse que le trèfle pourira sur place avant d'être fané.

Richard Tr. Je vous dirai, dans le premier entretien que nous aurons ensemble, ce qu'il faut faire en pareil cas.

HUITIÈME ENTRETIEN.

De l'usage du trèfle en vert et en sec.

BENJAMIN JACHÈRE.

Vous m'assurez donc que le trèfle est le fourrage le plus nourrissant et le plus capable de fortifier le bétail ?

RICHARD TRÈFLE.

Certainement. N'écoutez pas ceux qui prétendent qu'il peut faire du mal aux brebis ; l'expérience a prouvé le contraire : ainsi voyons ce qu'il y a à faire pour employer le trèfle en vert; nous examinerons ensuite comment on peut l'employer sec.

BENJAMIN JACH. Ne croyez-vous pas qu'il y a beaucoup d'inconvéniens à donner le trèfle en vert au bétail ?

RICHARD TR. Il n'y en a point, si l'on s'y prend bien.

BENJAMIN JACH. Apprenez-moi donc comment il faut s'y prendre.

RICHARD TRÈFLE. Volontiers ; mais je vous dirai d'abord ce qu'il ne faut pas faire.

Premièrement, il ne faut pas faire pâturer le trèfle par le bétail ;

Secondement, le trèfle, ou trop jeune, ou mouillé, ou couvert de rosée, ne vaut rien ;

Troisièmement, le trèfle qui a commencé à se gâter, celui qu'on a mis à la grange sans les précautions nécessaires, et qui s'y est échauffé, peut faire plus de mal que de bien ;

Quatrièmement, une trop grande quantité de trèfle ne vaut rien au bétail ;

Cinquièmement, ne menez point vos bestiaux à l'abreuvoir, et ne les faites jamais boire aussi-tôt qu'ils ont mangé.

Voilà cinq points qu'il faut observer ; et je vous garantis que le trèfle ne fera pas enfler le bétail.

BENJAMIN JACH. Fort bien : quand voulez-vous donc les faire boire ?

RICHARD TR. Faites-les boire avant de leur donner le fourrage, ou une heure après qu'ils ont mangé.

BENJAMIN JACH. Quand convient-il de

couper le trèfle, pour le donner en vert aux bêtes ?

Richard Tr. Coupez et donnez-le sans inquiétude quand il est en pleine fleur ; prenez garde cependant que les filles ne l'apportent au logis, encore couvert de rosée ; défendez-leur aussi de le mettre en tas, car il s'échaufferait immanquablement.

Benjamin Jach. Il faut cependant quelquefois, faute d'autre fourrage, donner le trèfle aux bêtes avant qu'il soit en fleurs ; comment faire alors ?

Richard Trèfle. Je vais vous le dire : mêlez-le avec de la paille ou du foin, et soyez sûr qu'il ne fera point de mal. Les Allemands et les Alsaciens coupent la paille et le trèfle ensemble avec une machine qu'ils appellent *coupe-paille* ; elle n'est pas inconnue dans notre pays.

Benjamin Jach. Comment ferons-nous dans le temps des pluies ?

Richard Tr. Si le laboureur a des prairies, il y fera paître son bétail ; s'il a du trèfle sec, il en nourrira ses bêtes, en le mêlant avec le trèfle mouillé. Il y a encore un moyen de prévenir les inconvéniens de l'humidité; c'est de le faire sécher aussi bien qu'on peut dans la grange, ou dans la chambre-à-four; on peut aussi le couper, et alors l'humidité est bien moins dangereuse.

BENJAMIN JACH. Ne pensez-vous pas qu'un laboureur qui aurait beaucoup de jours de terre en trèfle, pourrait en abandonner une partie à ses troupeaux?

RICHARD TR. N'en faisons rien, si nous ne voulons pas causer beaucoup de dommage au trèfle.

BENJAMIN JACHÈRE. Dites-moi à quelles bêtes le trèfle convient.

RIC. TR. Aux chevaux, aux bœufs, aux vaches, aux bêtes à laine et aux porcs. Il donne de la force aux chevaux de travail, et c'est autant d'avoine épargnée. Les chevaux qui ne font point de gros ouvrages, s'en trouvent bien aussi. Il fait croître les poulains; ceux que je nourrissais autrefois à la pâture, étaient maigres et petits; ceux que je nourris aujourd'hui en trèfle, ont cru du double. Vous savez combien les chevaux du pays de Clèves sont renommés depuis vingt ans; c'est au trèfle que les laboureurs en ont obligation.

BENJAMIN JACH. Voyez pourtant comme les gens parlent! Les chevaux, disent-ils, ne gardent pas le trèfle, il leur passe tout de suite : comment ce fourrage pourrait-il les fortifier ?

RICH. TR. N'en croyez que l'expérience : les chevaux nourris de trèfle en été sont plus gras, plus ardens et plus vigoureux qu'en hiver, quoique l'hiver soit pour eux le temps du repos, et qu'alors on les nourrisse au sec. Le trèfle est, sans comparaison, plus nourrissant qu'aucun autre fourrage.

BENJAMIN JACH. Dites-moi, je vous prie, quelles règles il faut suivre quand on nourrit les chevaux avec du trèfle.

RICHARD TR. Je vous le dirai dans quelques jours, quand nous parlerons de la luzerne.

BENJAMIN JACH. Le trèfle convient-il aux bœufs ?

RICHARD TR. Il les rend gras à lard : voyez les beaux bœufs qui nous viennent de la Suisse, de la Hongrie, et qui vont jusqu'à Paris ; c'est le trèfle tout pur qui les a engraissés.

BENJAMIN JACH. Dites-moi combien il faut de jours de terre en trèfle pour nourrir une vache à l'étable pendant tout l'été.

RICHARD TR. Environ un demi-jour pour le fourrage d'été nécessaire à nos grandes vaches. Cependant il en faudra plus ou moins selon la bonne ou mauvaise qualité du trèfle. J'observerai, en passant, qu'un laboureur intelligent qui veut faire des nourris, doit, outre le trèfle, avoir aussi de la luzerne : un quarteron en trèfle et un quarteron en luzerne suffisent pour nourrir grassement une vache pendant l'été.

BENJAMIN JACH. La moitié ne suffira-t-elle pas, si on continue à envoyer les bestiaux à la pâture ?

RICHARD TR. La pâture doit être comptée pour rien, si l'herbe est sèche, dure et rare ; si elle est médiocre ou bonne, on pourra un peu diminuer la quantité de trèfle.

BENJAMIN JACH. Combien donnerons-nous de trèfle vert par jour à une vache, pour qu'elle en ait en abondance ?

RICHARD TR. Nous lui en donnerons par jour quatre-vingt à quatre-vingt-dix livres : les vaches de la grande espèce en consomment jusqu'à cent quarante livres.

BENJAMIN JACH. Comment faites-vous quand le trèfle est vieux, dur et chanveux (ligneux) ?

RICHARD TR. Alors il a beaucoup perdu de sa force et de sa bonté : douze livres de vieux trèfle ne valent pas mieux que huit livres de trèfle en fleur.

BENJAMIN JACH. En combien de portions faut-il diviser le trèfle que l'on donne aux vaches ?

RICHARD TR. On peut le diviser entre neuf à douze rations ; si l'on en donne neuf, on en distribuera trois le matin, trois vers le milieu du jour, et trois vers le soir. On ne saurait trop recommander la règle suivante : peu à la fois et souvent, principalement quand le trèfle n'est point encore en pleine fleur.

Benjamin Jach. Ne croyez-vous pas utile de nourrir le bétail, tantôt de trèfle, tantôt de l'herbe des prés ?

Richard Tr. Oui ; les animaux aiment, ainsi que l'homme, à varier leur nourriture ; tantôt du trèfle, tantôt de la luzerne ; aujourd'hui du foin de trèfle, demain du foin ordinaire. On peut aussi, pour varier, donner du trèfle apprêté.

Benjamin Jachère. Qu'est-ce que vous entendez par *du trèfle apprêté?*

Richard Tr. Il s'agit d'un apprêt fort simple. On coupe le trèfle avec le coupe-paille et de la même manière ; on y répand du sel et un peu d'eau, à peu près comme quand on apprête la sourcroute (sauerkraut) ; on en fait de la sorte un fourrage appétissant et fort propre à engraisser. Les bêtes à laine et les vaches le mangent avec avidité ; leur lait en est meilleur et plus abondant.

Benjamin Jach. Il n'en coûtera pas beaucoup pour faire une épreuve, puisque nous avons le sel à 2 sous la livre.

Richard Tr. Quoique le sel soit fort cher

dans toute l'Allemagne, on en met environ une livre ou une livre et demie par quintal, et l'avance n'est pas perdue.

BENJAMIN JACH. Où voulez-vous que je trouve une cuve assez grande pour préparer ainsi une quantité considérable de trèfle ?

RICHARD TR. Je vais vous en procurer une qui ne sera pas chère : faites un trou en terre, garnissez-le bien de glaise, faites-y un petit toit avec quatre pieux et du chaume, pour le garantir de la pluie : il faut que le trou puisse contenir depuis trois jusqu'à six quintaux de trèfle.

BENJAMIN JACH. Trouverai-je un grand profit à prendre toute la peine que donne cet apprêt ?

RICHARD TRÈFLE. Vous pourrez avoir un plus grand nombre de bêtes, parce qu'elles consommeront moins de fourrage ; vous pourrez, pendant les temps secs, préparer la provision pour le mauvais temps ; votre bétail n'enflera pas, et vous le tiendrez en parfaite santé.

BENJAMIN JACH. Il faut que je vous parle

d'une crainte que j'ai : on prétend que la sourcroute relâche, et c'est par cette raison qu'on n'en donne point aux vaches pleines : ne craignez-vous pas que le trèfle apprêté n'ait le même inconvénient ?

RICHARD TR. Vous préviendrez tous les accidens, en mêlant le trèfle salé avec des fourrages secs hachés menus ; au moyen de cette précaution, on peut leur en donner sans danger, par petites quantités ; quand elles ont mis bas, on leur en donne davantage.

BENJAMIN JACH. Croyez-vous qu'on puisse donner aux jeunes veaux du trèfle vert fraîchement coupé ?

RICHARD TR. Quand on a du trèfle sec, il faut le donner aux veaux, plutôt que de leur en faire manger du vert ; mais si l'on n'en a que du vert, on le leur donnera par petites rations, matin et soir. Il faut toujours cependant qu'ils aient un repas de foin ou de trèfle sec ; si vous êtes obligé de leur donner du jeune trèfle qui n'est point encore en fleur, il faut le couper et le mêler avec de la paille.

Benjamin Jach. Et si, malgré toutes ces précautions, le trèfle relâche trop les veaux?

Richard Tr. Alors il faut y renoncer, nourrir au sec ou avec du regain coupé, ou enfin avec du foin et du son mêlés.

Benjamin Jach. Peut-on aussi nourrir les bêtes à laine en été avec le trèfle?

Richard Tr. Très-bien : on le leur donne dans les cours de la ferme, sur un râtelier fait à leur hauteur, ou en pleine campagne.

Benjamin Jach. Voyez pourtant combien de peines et d'embarras!

Richard Tr. Il est vrai; mais le profit y est bien proportionné.

Benjamin Jach. Faites-moi voir où est tout ce profit.

Richard Tr. Je vous le ferai voir aisément. Les bêtes à laine en sont bien plus saines; les voilà guéries de toutes les maladies qu'elles gagnent à courir après un brin d'herbe ou dans les mauvais pâturages; le trèfle les fait croître, les engraisse, leur donne de la force et de l'activité; les bêtes sont beaucoup plus belles, et leur laine est plus fine; et puis il faut encore compter pour quelque chose un fumier gras et de bonne qualité; on ne l'évalue jamais parmi les produits d'une ferme, parce qu'il ne se vend pas, parce qu'il se confond dans la valeur du blé et des autres productions, et parce que, si on le portait en compte, on ferait un double emploi. Il est pourtant vrai que le fumier est l'agent le plus actif de la fertilité de la terre. Savez-vous que cent têtes de menu bétail bien soignées et qui ne vaguent point, donnent cent voitures de fumier?

Benjamin Jach. Vous me donnez envie d'en savoir davantage là-dessus: comment nourrit-on à l'air le menu bétail en été?

Richard Tr. On entoure de claies quelques jours de terre; on y suspend de petits râteliers où l'on met le trèfle; on ne transporte point les claies de place en place, comme quand il s'agit de parquer; on les laisse toujours dans le même endroit; on y donne tous les jours de la nouvelle litière au bétail, et on rassemble une grande quantité de fumier.

Benjamin Jach. Combien faut-il de jours

de terre en trèfle pour nourrir cent moutons en plein air, pendant le cours d'un été ?

RICHARD TR. Nous comptons dix moutons pour une vache ; ainsi faites votre calcul, car vous savez ce qu'il faut à une vache.

BENJAMIN JACH. Quand les moutons sont au grand soleil, au milieu de l'extrême chaleur, ne leur est-elle pas nuisible ?

RICHARD TR. Il faut les en garantir, en conduisant le troupeau à l'ombre.

BENJAMIN JACH. N'y a-t-il que le trèfle qui convienne aux moutons que l'on nourrit en plein air ?

RICHARD TR. On peut aussi leur donner de la luzerne, du sainfoin, de l'herbe et les gousses des légumes.

BENJAMIN JACH. Quand le printemps est venu, peut-on passer brusquement du trèfle sec au trèfle vert ?

RICHARD TR. Non, sans doute ; il faut y aller prudemment, et on commence par mêler le sec avec le vert.

Benjamin Jachère. Et lorsqu'enfin on commence à ne leur donner que du trèfle vert, quelles précautions faut-il prendre pour éviter les accidens ?

Richard Tr. On donne d'abord à chaque mouton, par jour, quatre livres en quatre fois, et puis six livres en cinq fois; et quand le trèfle est en pleine fleur, on peut en donner jusqu'à dix livres par tête.

Benjamin Jach. Et quand le trèfle est jeune, comment faut-il s'y prendre ?

Richard Tr. On en donne tous les jours à chaque pièce environ une demi-livre pur ou mêlé, et on leur en donne du sec en deux repas; on prévient ainsi tous les accidens. Il faut cependant observer avec soin, pendant les huit premiers jours, de ne pas mettre trop de jeune trèfle à la fois dans les râteliers; il vaut mieux en donner peu et souvent.

Benjamin Jach. Et quand le temps des pluies commence ?

Richard Tr. Alors il faut les nourrir au logis avec du foin sec; j'ai éprouvé néanmoins que le trèfle vert mouillé ne fait pas aux moutons autant de mal qu'on l'a prétendu.

BENJAMIN JACH. Croyez-vous que l'on puisse nourrir à l'air des troupeaux de quelques milliers de pièces ?

RICHARD TR. On le peut, mais ce n'est pas sans grande difficulté : les apprêts sont coûteux, il faut beaucoup de monde ; il est difficile que tout soit bien réglé dans d'aussi grandes entreprises, et les négligences sont de conséquence quand on nourrit au trèfle. J'aime mieux des troupeaux de deux, trois ou quatre cents moutons : on peut tout voir et tout soigner ; on place l'enclos dans le voisinage du trèfle, et l'on épargne beaucoup : tenez pour certain que quatre cents pièces dans un parc seront d'un plus grand rapport que huit cents misérables moutons cherchant de place en place un peu de nourriture.

BENJAMIN JACH. Tout ceci peut bien convenir à de grandes terres, mais non à des propriétaires qui n'ont que deux ou trois jours.

RICHARD TR. Je ne suis pas de votre avis : quand les habitans des campagnes seront convaincus que dix moutons bien nourris valent mieux que vingt moutons affamés, ils mettront du trèfle par-tout, et même dans les friches où il n'y en a jamais eu : leurs bergeries auront de la renommée, les bouchers s'empresseront à acheter leurs moutons, et les marchands leurs belles laines; chaque mouton, au lieu de deux livres, en donnera quatre, et cette laine sera plus chère qu'auparavant; on aura quatre fois plus de fumier, et il n'y aura pas un pouce de terrain qui ne puisse être cultivé. Je connais un villageois qui a réduit son troupeau de vingt-cinq pièces à dix, et il y a trouvé du profit.

BENJAMIN JACHÈRE. Dites-moi, je vous prie, comment on donne le trèfle sec pendant l'hiver. Je sais déjà qu'il faut beaucoup de précautions pour passer du vert au sec; dites-moi présentement combien il faut de jours de trèfle pour nourrir une vache pendant un hiver de sept mois.

RICHARD TRÈFLE. Il faut près d'un jour pour une vache de grande espèce; mais l'étendue dépend aussi de la fertilité du sol : si le jour de terre, fauché deux fois, rapporte quatre milliers, et si vous donnez par jour à une vache vingt livres de trêfle sec, il vous faudra à peu près un jour ; si vous n'en donnez que douze ou quinze livres, il ne vous faudra que cinq ou six demi-quarterons.

BENJAMIN JACH. Convient-il d'en donner beaucoup ou d'en donner peu ?

RICHARD TR. Certainement : vingt livres et plus valent mieux que douze ; cependant douze livres de foin sec, coupé, mêlé avec douze livres de paille, données en trois repas dans un jour, suffisent à une vache de la grande espèce ; on peut même ne joindre au trêfle que dix livres de paille d'orge ou d'avoine.

BENJAMIN JACH. Combien faut-il de trêfle sec à un cheval par jour ?

RICHARD TR. Il lui en faut dix à douze livres hachées avec soin, et mêlées avec de la paille aussi hachée.

BENJ. JAC. Combien en faut-il à un poulain ?

RICHARD TR. Sept livres.

BENJAMIN JACH. Ce n'est guère.

Richard Tr. C'est assez : il ne s'agit point d'engraisser les poulains, mais de les tenir en bon état ; voilà pourquoi sept livres de trèfle avec un peu de bon foin sont suffisans.

Benjamin Jach. Combien en donnerons-nous à un mouton ?

Rich. Tr. Deux livres, mêlées avec une livre de paille de vesces ou d'orge.

Benjamin Jac. Quoi que vous me disiez, je pense toujours que le trèfle est quelquefois dangereux : on dit qu'il rend les animaux pulmoniques.

Richard Tr. Cet accident n'est à craindre qu'avec le trèfle à demi-séché, ou avec le trèfle vert échauffé et qui est à moitié pouri.

Benjamin Jach. On craint aussi que le trèfle ne rende le sang trop abondant.

Richard Trèfle. Eh bien, faites saigner vos vaches au printemps.

Benjamin Jach. Le danger de l'enflure est sur-tout à craindre quand on fait usage du trèfle vert.

RICHARD TR. Si vous ne le donnez que quand il est en fleur, et avec les autres précautions déjà indiquées, ne craignez pas que le bétail enfle.

BENJAMIN JACH. Mais si cela arrive par la négligence des domestiques, que faut-il faire alors ?

RICHARD TRÈFLE. Faites alors courir la bête plusieurs fois dans la cour; si cela ne suffit pas, faites-lui boire une livre pesant de lait encore chaud, nouvellement trait; trempez souvent un linge dans de l'eau chaude, pour la frotter sur le dos. Quelques-uns mettent plein une cuiller à soupe de tabac dans le lait; on fait avaler ce mélange à la vache, et elle s'en trouve bien; d'autres prennent quatre livres de lait de vache, ils y mêlent pareillement du tabac, et en font prendre un lavement à la bête malade; on a, dit-on, employé aussi avec succès l'huile d'olive, à laquelle on ajoute des glands réduits en poudre. Voici encore un autre remède : on prend une livre de petite bière, on y jette de la cendre, et on la fait chauffer jusqu'à ce qu'elle soit aussi chaude que le sang; alors on fait avaler la bière et la cendre par la vache. Le remède dont on use à la dernière extrémité, est le *trois-quarts* ; on l'enfonce légèrement vers les côtes, pour donner une issue aux vents. L'usage de cet instrument demande de l'habitude ; c'est aux gens de l'art à l'enseigner les premiers, et la pratique deviendra facile : j'observe seulement que la gaine ne doit être enfoncée que d'un demi-pouce ; on retire ensuite le trois-quarts, on presse doucement sur la gaine, on la laisse dix minutes ou un quart-d'heure, ou bien autant de temps qu'il faut pour que l'air puisse sortir entièrement ; on graisse la plaie avec de l'huile ou du beurre frais ; on la garantit des mouches, et pendant les premiers jours on donne peu de nourriture à la bête.

Benjamin Jach. Peut-on employer le trois-quarts pour les moutons ?

Richard Tr. Oui, mais on m'a indiqué un moyen encore plus facile. On a un lien de paille sèche ; on le passe comme une bride dans la bouche du mouton, et on le lie par-dessus sa tête ; le mouton rend aussi-tôt le trèfle qui l'incommodait ; il est guéri, et on peut lui ôter le lien.

Benjamin Jach. Avant de nous quitter, dites-moi s'il n'y a pas des vaches plus sujettes à enfler que d'autres.

Richard Trèfle. Oui, et ce sont les maigres : elles ont beaucoup de sang, et le trèfle l'augmente encore ; il faut le leur donner avec précaution et faire usage de la saignée.

NEUVIÈME ENTRETIEN.

De l'usage de la dernière pousse et des racines du trèfle qui a été semé dans les marsages.

BENJAMIN JACHÈRE.

Le bon emploi des chaumes et des racines du trèfle n'est-il pas un objet important ?

RICHARD TRÈFLE.

Oui ; il faut que l'agriculture en profite : le trèfle et ses racines ont la propriété de fumer ; il ne faut pas y renoncer sans nécessité. Quant aux chaumes, il n'en est pas question quand on enterre la dernière pousse.

BENJAMIN JACH. Ne pensez-vous pas que nous pourrions la faire brouter par le bétail ?

RICHARD TR. Non, vous perdriez l'engrais qui provient des feuilles, et les jeunes pousses du trèfle seraient dangereuses pour les vaches et les moutons.

BENJAMIN JACHÈRE. Comment employez-vous la dernière pousse du trèfle et ses racines ?

RICHARD TR. Je la fais couper quand il a six ou sept pouces de haut ; on l'enterre en labourant, et on ne perd pas de temps à préparer le champ pour les blés d'hiver.

BENJAMIN JACH. Regardez-vous cette méthode comme la meilleure ?

RICH. TR. Je la crois très-bonne, mais je ne voudrais pas assurer qu'elle est la meilleure pour tous les cultivateurs sans exception ; les circonstances ne sont pas toujours les mêmes, et ce qui est très-bon pour l'un, ne le sera pas pour l'autre.

BENJAMIN JACH. Pourquoi pensez-vous que cette méthode est si avantageuse ?

RICHARD TR. Parce qu'au moyen des tiges du trèfle et de ses racines, la terre est très-bien fumée et préparée pour les grains d'hiver ; un champ contient plusieurs milliers de de racines et de feuilles succulentes, qui, venant à pourir, procurent à la terre un engrais efficace.

BENJAMIN JACH. Mais elles ne pourissent pas d'abord ?

RICHARD TRÈFLE. Non ; cette décomposition salutaire n'a point lieu en hiver ; elle ne se fait qu'au mois de Prairial ou Messidor de l'année suivante, lorsque la terre est échauffée.

BENJAMIN JACH. En attendant, le froment et le seigle sont privés de l'engrais qui doit les nourrir.

RICHARD TRÈFLE. Je conviens qu'ils ne sont pas beaux en automne ; mais lorsqu'au printemps la fermentation commence, le grain lève plus vigoureusement. On a l'expérience que les pailles et les épis sont plus longs dans les tréflières, le grain beaucoup plus lourd et plus parfait, que dans les terres fumées, et auxquelles on a donné ce qu'on appelle *du repos*.

BENJAMIN JACH. Je désire que vous me donniez encore quelques autres éclaircissemens. Si vous fauchez la dernière pousse du trèfle, comment sera-t-il possible de labourer sur les andains ?

RICHARD TR. Ce ne sont point les andains qui doivent être enterrés ; il faut répandre le trèfle sur toute l'étendue du champ ; alors le labour se fera sans difficulté, et le champ sera engraissé également.

BENJAMIN JACHÈRE. Quand convient-il de labourer sur le trèfle ?

RICHARD TR. En automne, quinze jours avant ou après la Saint-Michel (29 Septemb.), quand on trouve un moment favorable, et que le temps n'est ni trop humide ni trop sec.

BENJAMIN JACH. Je comprends que vous ne donnez qu'un labour, et que vous semez aussi-tôt du froment ou du seigle.

RICHARD TR. Oui ; un seul labour, et aussi-tôt après on sème et on herse.

BENJAMIN JACHÈRE. Ne croyez-vous pas qu'il serait à propos de labourer deux fois la tréflière ?

RICHARD TR. Je ne le pense pas : le premier labour renverse et couvre les nouvelles tiges ; un second labour les releverait et les découvrirait ; l'air les dessécherait et les priverait de la vertu qu'ils ont de fumer ; il faut donc s'abstenir d'un second labour. Je ne dis cependant pas ceci d'une manière absolue ; nous y reviendrons dans un autre moment.

BENJAMIN JACH. Faut-il tenir les sillons larges ou étroits ?

RICHARD TR. Les sillons larges et sans profondeur ne valent rien ; il vaut mieux les faire étroits et profonds.

BENJAMIN JACHÈRE. A quelle profondeur ?

RICHARD TR. Six pouces.

BENJAMIN JACH. Sans doute il est bien entendu que le grain semé doit être ensuite enterré au moyen de la herse ?

RICHARD TR. C'est ainsi qu'il faut faire.

BENJAMIN JACH. Si je vous ai bien compris, on ne sème jamais de marsages après le trèfle, mais toujours des grains d'hiver.

RICHARD TR. Oui ; on trouve que les

grains d'hiver sont plus profitables à beaucoup d'égards, et que, semés dans les débris du trèfle, ils viennent plus beaux et donnent plus de paille.

BENJAMIN JACH. Combien d'années dure la révolution complète des soles dans les terres aux trois saisons où l'on cultive le trèfle ?

RICHARD TR. Elle est de six années.

BENJAMIN JACH. Ainsi, tous les six ans, le trèfle revient sur la même terre ?

RICHARD TR. Oui.

BENJAMIN JACH. Quand on a labouré la terre où était le trèfle, ne pourrait-on pas l'y semer de nouveau ?

RIC. TR. Je vous ai déjà dit que chaque grain et chaque plante trouvent dans la terre les sucs alimentaires qui leur conviennent; ainsi je ne conseillerai jamais de semer deux fois de suite les mêmes grains sur la même terre.

Benjamin Jachère. Et si l'on avait fumé les chaumes du trêfle ?

Richard Trèfle. Cela ne vaut rien encore, et l'expérience l'a prouvé.

Benjamin Jach. Mais, après trois ans, ne pourrait-on pas mettre de nouveau du trêfle sur la même terre ?

Richard Trèfle. Oui, si l'on a assez de fumier ; mais si l'on n'en a pas en grande abondance, il vaut mieux s'en tenir à l'assolement des six années.

Benjamin Jachère. Je vous prie de me décrire cet assolement.

Richard Tr. Le voici : en supposant qu'on commence par l'année 1803 ; 1°. en 1803, jachère ou versaine ; on fume à fond, et à l'autòmne on sème le froment d'hiver. 2°. En 1804, on récolte le froment. 3°. En 1805, on sème de l'orge ou du froment d'été avec du trêfle ; on ne récolte que le grain. 4°. En 1806, on recueille une, deux ou trois fois du trêfle ; on sème le seigle ou le froment. 5°. En 1807, on le récolte. 6°. En 1808, on sème et on récolte l'avoine seule, et sans lui associer le trèfle.

BENJAMIN JACH. On ferait donc bien de diviser ses champs en six parties ?

RICHARD TR. Oui. Je suppose qu'on a cent quatre-vingt jours de terre : on aura tous les ans trente jours en froment, trente en orge, trente en trèfle, trente en seigle, trente en avoine et trente en versaine ou jachère.

Si on ne cultive point de seigle, on aura soixante jours en froment : dans cette supposition, les terres de votre ferme seraient distribuées, comme l'explique la feuille que je vais vous faire voir, pendant le cours de six années, le trèfle et la versaine revenant toujours au même lieu de six ans en six ans.

Vous observerez que cette ferme n'a que vingt-cinq jours de prés, et que, dans le tableau que je vais vous montrer, ils ne changent jamais de nature. Vous savez cependant, sans que je vous le dise, que les meilleurs prés ont besoin d'être renouvelés après plus ou moins d'années. Mais ce n'est pas ce dont il s'agit présentement, et je ne veux vous parler que de l'assolement qu'exige la culture

de marsages 30 jou[illegible] grains d'été. ou	de prés.
9, etc.	
jours en trèfle [illegible]airies artificielles. de ou ours en versaine ou jachère.	25 jours de prés.
820.	
60 jours de de froment ou au blé d'hiver.	25 jours de prés.

<table>
<tr><th colspan="4">Années 1803, 1809, 1815, etc.</th></tr>
<tr><td>30 jours en versaine ou jachère.</td><td rowspan="2">60 jours de froment ou blé d'hiver.</td><td rowspan="2">60 jours de marsages ou grains d'été.</td><td rowspan="2">25 jours de prés.</td></tr>
<tr><td>30 jours en trèfle ou prairies artificielles.</td></tr>
<tr><th colspan="4">Années 1804, 1810, 1816, etc.</th></tr>
<tr><td rowspan="2">60 jours de froment ou blé d'hiver.</td><td rowspan="2">60 jours de marsages ou grains d'été.</td><td>30 jours en versaine ou jachère.</td><td rowspan="2">25 jours de prés.</td></tr>
<tr><td>30 jours en trèfle ou prairies artificielles.</td></tr>
<tr><th colspan="4">Années 1805, 1811, 1817, etc.</th></tr>
<tr><td rowspan="2">60 jours de marsages ou grains d'été.</td><td>30 jours en versaine ou jachère.</td><td rowspan="2">60 jours de froment ou blé d'hiver.</td><td rowspan="2">25 jours de prés.</td></tr>
<tr><td>30 jours en trèfle ou prairies artificielles.</td></tr>
<tr><th colspan="4">Années 1806, 1812, 1818, etc.</th></tr>
<tr><td>30 jours en trèfle ou prairies artificielles.</td><td rowspan="2">60 jours de froment ou blé d'hiver.</td><td rowspan="2">60 jours de marsages ou grains d'été.</td><td rowspan="2">25 jours de prés.</td></tr>
<tr><td>30 jours en versaine ou jachère.</td></tr>
<tr><th colspan="4">Années 1807, 1813, 1819, etc.</th></tr>
<tr><td rowspan="2">60 jours de froment ou blé d'hiver.</td><td rowspan="2">60 jours de marsages ou grains d'été.</td><td>30 jours en trèfle ou prairies artificielles.</td><td rowspan="2">25 jours de prés.</td></tr>
<tr><td>30 jours en versaine ou jachère.</td></tr>
<tr><th colspan="4">Années 1808, 1814, 1820.</th></tr>
<tr><td rowspan="2">60 jours de marsages ou grains d'été.</td><td>30 jours en trèfle ou prairies artificielles.</td><td rowspan="2">60 jours de froment ou blé d'hiver.</td><td rowspan="2">25 jours de prés.</td></tr>
<tr><td>30 jours en versaine ou jachère.</td></tr>
</table>

du trèfle dans les terres labourables, et ce tableau vous en présente le détail.

Benjamin Jach. Mais n'est-ce pas là une de ces maudites routines si décriées ?

Richard Tr. Non ; on appelle *routine* de vieux usages qui ne sont point profitables ; mais la méthode proposée est certainement bien plus profitable aux cultivateurs que l'ancienne ; il ne faut cependant pas s'y tenir attaché sans restriction : on peut destiner quelques jours de plus ou de moins au froment, à l'orge, au trèfle, à l'avoine, suivant les besoins de la ferme ; on peut aussi mettre quelques jours de terres en choux, en raves, en carottes, en pois, en lentilles, en chanvre, et en d'autres productions de ce genre. Il faut cependant observer avec le plus grand soin, de laisser écouler un espace de temps suffisant avant de revenir à la même semence. Voici deux autres assolemens, un de sept, l'autre de huit années, dont on peut tirer un bon profit.

Division en sept champs ou saisons.

En 1803, la versaine; en 1804, du froment; en 1805, des choux, des carottes, de la navette; en 1806, de l'orge avec le trèfle; en 1087, le trèfle; en 1809, le seigle; en 1810, l'avoine.

Division en huit champs ou saisons.

En 1803, la versaine; en 1804, de la navette; en 1805, du froment d'hiver; en 1806, des pois, des choux, des carottes; en 1807, de l'orge ou des blés d'été avec du trèfle; en 1808, du trèfle; en 1809, du seigle; et en 1810, de l'avoine.

BENJAMIN JACH. Ainsi, un champ n'est en versaine que dans la septième ou la huitième année, et ce n'est qu'alors qu'on le fume : cette pratique ne saurait nous convenir.

RICHARD TRÈFLE. Assurément; elle ne saurait convenir à ceux qui ne fument que pour deux années; mais si, par le moyen du trèfle, votre bétail s'accroît en nombre, si l'espèce devient plus grande et plus belle, vous aurez beaucoup de fumier à donner à vos champs; au lieu de quatre voitures, un jour en aura huit, et vous pourrez cultiver sur un assolement de sept, huit ou neuf années. Le fermier de la cense voisine nous a déjà prouvé que l'on pouvait faire produire par le même champ différentes espèces de grains, de racines et de fourrages pendant dix-huit ans de suite, pourvu qu'on observât de changer toujours.

Benjamin Jach. Mais un petit propriétaire qui n'a que trois ou quatre jours de terres, peut-il suivre aussi cette nouvelle méthode ?

Richard Tr. Pourquoi pas ? Chacun doit disposer ses terres de façon à en avoir en versaine le moins qu'il peut ; on ferait même très-bien d'avoir un petit registre ou livret sur lequel on écrirait tous les ans quelle nature de production le champ a donné ; c'est le moyen d'en conserver le souvenir. Nos enfans, nos héritiers, ceux à qui nous pouvons vendre nos terres, profitent de ces mémoires.

Benjamin Jachère. Supposons un commençant qui a trente ou quarante jours de terres pour toutes les saisons; combien de jours croyez-vous qu'il doit mettre en trèfle?

RICHARD TR. Il fera bien, ainsi que tous ceux qui commencent, de ne pas aller trop vîte; je voudrais qu'il ne mît d'abord en trèfle que deux, trois ou quatre jours, c'est-à-dire environ le tiers de la versaine. Si cet essai lui réussit, il pourra peu à peu en cultiver davantage.

BENJAMIN JACH. Pourquoi ne voulez-vous pas qu'il mette d'abord six ou huit jours en trèfle, ou même la versaine toute entière?

RICHARD TR. Parce qu'il faut qu'auparavant il connaisse bien sa terre, et parce qu'il est impossible de prévoir si le temps sera favorable. Si le trèfle venait à manquer sur toute la saison, le cultivateur ferait une trop grande perte, et quelques-uns même pourraient en être ruinés. Un commençant, d'ailleurs, n'a pas assez de fumier pour faire une aussi grande épreuve; et vous savez qu'il faut que les terres destinées au trèfle aient été bien fumées une année d'avance. Cette préparation est encore plus nécessaire quand on associe le trèfle aux blés d'hiver, et cette association ne doit avoir lieu que dans les meilleures terres d'une ferme. Enfin je ne conseille à personne de mettre plus de la moitié de la versaine en trèfle, parce qu'il ne doit revenir à la même place que tous les six ans: je n'en excepte que les meilleures terres.

DIXIÈME ENTRETIEN.

Autre manière de tirer parti de la dernière pousse et des racines du trèfle.

BENJAMIN JACHÈRE.

VOUS croyez donc qu'on ne peut mieux faire que de semer le trèfle dans les marsages pour le recueillir dans la versaine ?

RICHARD TRÈFLE.

Je crois que c'est la meilleure méthode, à l'égard de beaucoup de terres ; le trèfle a été semé avec d'autres végétaux, et particulièrement avec les marsages dans plusieurs de nos cantons, et n'a manqué nulle part.

BENJAMIN JACH. Pensez-vous que cette méthode peut être adoptée avec fruit partout ?

RICHARD TR. Non ; la nature du climat ou du sol y met quelquefois un obstacle insurmontable ; le temps peut encore être contraire.

BENJAMIN JACHÈRE. Comment cela ?

RICHARD TR. Il faut, pour labourer une tréflière, un temps qui ne soit ni trop humide ni trop sec ; le temps ne dépend pas de nous; c'est la providence qui le donne ; il peut devenir si contraire que les labours soient absolument impossibles, et principalement sur les grands biens où il faut labourer beaucoup de terres à la fois.

BENJAMIN JACH. Quels sont les obstacles qui peuvent venir du sol ?

RICH. TR. Le sol est mal disposé quand il est rempli de mottes, d'inégalités, et que la charrue le divise en petites monticules ; personne ne voudrait semer sur une terre en cet état ; ce serait perdre son froment ou son seigle.

BENJAMIN JACH. J'ai néanmoins oüi dire que le trèfle contribue à rendre les terres rudes plus maniables.

RICHARD TR. Cela n'est pas généralement

vrai ; les terres dures et marneuses, froides et humides, ne deviennent point plus maniables par le moyen du trèfle ; elles sont toujours fortes et adhérentes, de sorte que, dans les années trop sèches, elles restent dures ; et dans les années trop humides, elles sont si glutineuses et si liées, que le labour est impraticable : mais on n'est pas invariablement astreint à ne cultiver le trèfle que pour l'année de versaine. Il y a peu de sols aussi difficiles que ceux dont nous venons de parler, et les cultivateurs qui en ont de cette nature, peuvent espérer de les améliorer peu à peu, et de les rendre plus doux et plus meubles, par le moyen des engrais que procure le trèfle.

Benjamin Jach. Je vous prie de me dire quel est le sol où il est le plus facile de labourer la dernière pousse et les racines du trèfle, pour préparer la terre aux grains d'hiver.

Richard Tr. Ce sont les sols légers.

Benjamin Jach. Ainsi, l'on ne peut, dans les terres pesantes, labourer sur le trèfle ?

RICHARD TR. Je ne dis pas précisément cela : il y a aussi des moyens de les préparer pour les grains d'hiver.

BENJAMIN JACH. Et quels moyens ?

RICHARD TR. Le premier consiste à labourer à petites raies et par un temps convenable ; on herse aussi-tôt. L'autre moyen est de labourer le trèfle deux fois au lieu d'une pendant l'automne.

BENJAMIN JACHÈRE. Comment s'y prennent ceux qui veulent labourer deux fois ?

RICHARD TRÈFLE. Aussi-tôt que la seconde coupe est faite, c'est-à-dire, vers le 10 du mois de Thermidor, on laboure les chaumes, sans examiner si le trèfle a repoussé ou non ; on donne à la terre labourée le temps de rasseoir et de recevoir les influences de l'air ; on herse deux fois, et ensuite, après une pluie, vers le 10 Fructidor, on laboure pour la seconde fois, et l'on sème alors les grains d'hiver.

BENJAMIN JACH. Mais, de la sorte, vous ramenerez les racines du trèfle au-dessus de la terre, et l'engrais qu'elles devaient donner sera perdu.

RICHARD TR. Il n'est pas perdu pour cela: en Thermidor la chaleur est très-grande, et la décomposition des racines se fait rapidement dans l'espace de quatre à six semaines.

BENJAMIN JACH. Quelle sorte de blé d'hiver faut-il semer après avoir labouré la tréflière ?

RICHARD TR. Plutôt du froment que du seigle : le froment réussira à merveille, et vous le verrez toujours plus beau que dans les terres les mieux fumées.

BENJAMIN JACH. Ne fera-t-on pas bien de fumer la tréflière qu'on veut labourer ?

RICHARD TR. On fera sans doute très-bien ; c'est même une préparation nécessaire dans les terres dures et pesantes qu'on laboure deux fois. Le fumier doit être porté sur les chaumes ou débris du trèfle aussi-tôt qu'il a été fauché.

BENJAMIN JACH. Quel est le grain pour lequel l'engrais est le plus nécessaire, du froment ou du seigle ?

RICHARD TR. C'est le seigle ; car le trèfle *vaut engrais* pour le froment.

BENJAMIN JACH. Y a-t-il d'autres sortes de grains d'hiver que le froment et le seigle, propres à être semés après le trèfle ?

RICHARD TR. Oui, et plusieurs laboureurs sèment, dans les bons terrains, un beau blé à écorce appelé *épeautre* ou *espiot* ; et dans les terres moins bonnes, une autre espèce de blé aussi à écorce, mais inférieur en qualité ; on l'appelle *dunkel* en allemand, et *carrouge* en français. On cultive ces grains dans les cantons de la République qui avoisinent l'Allemagne ; ils donnent de très-belles farines. Il est vrai que, sur vingt-quatre quartes, ce blé, dépouillé de sa première écorce, n'en rend plus que onze propres à être converties en farine ; mais les oiseaux n'y touchent point, et c'est un avantage ; il donne, d'ailleurs, de la farine de la plus belle qualité. Il y a encore d'autres productions qu'il est inutile de vous indiquer, et sur lesquelles les cultivateurs de chaque canton auront des connaissances plus sûres que celles que je pourrais vous donner.

BENJAMIN JACH. Je suppose qu'un temps

trop sec ou trop humide ne permette pas à la terre de se diviser et de s'ameublir ; que ferons-nous alors ?

RICHARD TR. Il faut renvoyer les semailles au printemps, et s'en tenir à des marsages ; on a de l'orge superbe après le trèfle.

BENJAMIN JACH. On peut, de la sorte, attendre jusqu'à la fin de l'automne pour labourer sur le trèfle ?

RICHARD TR. On le peut, et la chose est même indispensable quand on a beaucoup de terres et beaucoup d'autres ouvrages ; mais il vaut encore mieux s'y prendre à bonne heure et labourer dès le 25 Thermidor. Les feuilles et les racines pourissent plus promptement, et donnent un excellent engrais à la terre destinée à recevoir les grains d'été ou d'hiver. Si l'on diffère les labours jusqu'en automne, les feuilles et les racines du trèfle ne seront pouries qu'au printemps suivant, et l'orge se trouvera privée, jusque dans le mois de Prairial, de l'engrais qu'il devait en recevoir.

BENJAMIN JACH. Si, au lieu de grains

d'hiver, nous semons de l'orge après le trèfle, quel sera l'ordre des trois saisons ?

RICH. TR. Il ne faut pas être fort savant pour répondre à votre question. Vous aurez, dans la première année, de l'orge; dans la seconde, de l'avoine; dans la troisième, la versaine. On perd quelque chose sur les pailles, mais on ne perd rien sur le grain; quelquefois même on est amplement dédommagé, par l'abondance du grain, de la perte qu'on fait sur les pailles.

BENJ. JAC. Ne pourrait-on pas une seconde fois, après la troisième année de la levée, semer du trèfle avec l'avoine, pour le récolter l'année suivante dans la versaine ?

RICHARD TR. Gardez-vous-en bien : si vous faites succéder le trèfle au trèfle dans le même terrain, sans l'avoir fumé, vous pouvez être certain que cette graine manquera, parce que la terre est épuisée des sucs alimentaires qui sont nécessaires pour la faire croître; peut-être encore viendrait-elle mal quand même vous auriez fumé.

BENJAMIN JACHÈRE. Pensez-vous que l'on pourrait semer du lin sur la tréflière labourée ?

RICHARD TR. On le peut ; alors nous aurons, pour les trois saisons, 1°. du lin ou du chanvre, 2°. de l'orge, 3°. la versaine ; vous pourriez même semer d'abord l'orge, ensuite le lin, et la troisième année vous auriez la versaine.

BENJAMIN JACH. Quel serait l'ordre des soles ou saisons et des produits, en associant le trèfle aux blés d'hiver ?

RICHARD TR. Dans la première année, au printemps, on semera le trèfle sur les blés d'hiver ; dans la seconde, on aura trois coupes de trèfle ; dans la troisième, on aura deux coupes, la terre sera labourée, et recevra les engrais dont elle aura besoin ; dans la quatrième, on semera et on recueillera l'orge, et on semera les blés d'hiver ; à la cinquième année, les saisons sont révolues, et on recommence. Il est nécessaire de ne pas épargner le fumier, et l'on s'en procure par le trèfle, et par le bétail nourri à l'étable. Parmi les avantages de cette méthode, en voici un qui est assez important ; c'est qu'il n'arrive jamais que le trèfle domine et étouffe le grain. Si au contraire on le sème en même temps que les autres végétaux auxquels on l'associe, il peut arriver que tout lève à la fois : s'il survient des pluies, le trèfle sera plus prompt dans sa pousse, il ombragera les autres plantes, et le grain viendra mal ou ne viendra pas du tout. En semant le trèfle lorsque les grains ont de l'avance, sa tige croît plus lentement; ses racines en profitent; leur végétation est plus vigoureuse; et aussi-tôt après la moisson, le soleil, l'air et les pluies font regagner aux tiges tout ce qu'elles avaient perdu.

BENJAMIN JACH. Ainsi, vous ne condamnez point ceux qui laissent le trèfle sur pied jusque dans la troisième année?

RICHARD TR. Non; on peut y être forcé par les circonstances; on peut même adopter librement et sans contrainte cette distribution, parce qu'on la trouvera plus profitable. Il faut observer cependant que la tréflière de trois ans est plus difficile à labourer que celle de deux.

BENJAMIN JACH. Convient-il de mettre des grains d'hiver dans une tréflière de trois ans?

RICHARD TR. On le peut quand la terre a été amendée avant de semer le trèfle, et pourvu aussi qu'on sème une autre nature de blé, comme le seigle, l'espiot ou le carrouge, etc. Dans le cas où l'on n'aura pas pu labourer en automne, on labourera au printemps, pour semer les grains d'été.

BENJAMIN JACH. Comment gouverne-t-on une tréflière où l'on veut mettre des grains d'été ?

RICHARD TR. On en use comme pour tout autre champ destiné à l'orge : la terre est labourée et hersée en automne ; on peut se dispenser de la fumer, si l'on enterre, en labourant, une pousse des feuilles du trèfle ; j'ai observé qu'il ne faut pas l'ensemencer de trop bonne heure au printemps ; il faut, au contraire, différer autant que l'on peut, parce que les champs à trèfle conservent plus d'humidité que les autres ; ils s'affaissent ; et quand on ensemence de bonne heure, le sol se serre, et l'orge a de la peine à lever.

BENJAMIN JACH. La terre qui a été mise en trèfle n'est-elle pas difficile à labourer ?

RICHARD TRÈFLE. Je vous ai déjà dit que le trèfle tire principalement sa nourriture de l'air ; de là vient que ses racines ne sont ni fortes ni longues ; une bonne charrue et deux chevaux vigoureux suffisent pour labourer ; cependant, lorsque la terre est forte et tenace, ou quand le trèfle a été trois ans sur pied, il faut quelquefois jusqu'à six chevaux. Au reste, lorsqu'on fait le sacrifice de la dernière pousse, il ne faut pas oublier de la faucher avant le labour, et de la répandre également par-tout. Je conseille à ceux qui éprouveront des difficultés dans le défrichement du trèfle, de se servir d'abord de la charrue à coutre sans soc ; elle prépare et facilite le travail de la charrue ordinaire ; le soc pénètre sans peine, et le versoir retourne les gazons sans beaucoup d'efforts.

ONZIÈME ENTRETIEN.

Comment on obtient la semence du trèfle.

BENJAMIN JACHÈRE.

SUR quelle espèce de terre doit-on recueillir la semence du trèfle ?

RICHARD TRÈFLE.

Sur celle où il n'est pas trop gras ; le trèfle de moyenne force est celui qui produit la meilleure semence.

BENJAMIN JACH. Je croyais que le plus épais donnerait aussi des semences de meilleure qualité.

RICHARD TR. Non ; quand les tiges sont pressées les unes contre les autres, il est sujet à se pourir par le pied, et l'on obtient peu de semence.

BENJAMIN JACH. Faut-il recueillir la semence sur le trèfle de deux ans ou de trois ans ?

Richard Tr. Celui de deux ans est le meilleur, et l'on y destine la seconde pousse. Un moyen d'avoir des semences parfaites, c'est de couper, au printemps, la première pousse de bonne heure, et avant la floraison; car, si on attendait que la première pousse fût en fleurs, la seconde serait trop tardive, et on laisserait passer le temps le plus propre à recueillir la semence.

Benjamin Jachère. Le trèfle de trois ans ne peut-il pas donner aussi de bonnes semences ?

Richard Tr. Oui, quand on les prend sur la première pousse.

Benjamin Jachère. Est-il profitable de faire de la semence ?

Richard Tr. Oui; mais il ne faut point perdre de vue qu'elle épuise et appauvrit un peu la terre ; il faut alors réparer ses pertes par du fumier, et y mettre des marsages.

Benjamin Jach. Combien de livres de semence un jour de terre peut-il donner ?

RICHARD TR. Environ cent livres pour une seule pousse ; on en a quelquefois jusqu'à deux cents cinquante livres, mais rarement.

BENJAMIN JACH. Au prix actuel, ce serait un bon produit d'un jour de terre, indépendamment du fourrage ; dans une saison pluvieuse, cependant, tout ce profit peut être perdu. Combien croyez-vous qu'un laboureur doit faire de semence ?

RICHARD TR. Autant qu'il en faut pour son usage, et deux tiers en sus.

BENJAMIN JACHÈRE. Pourquoi pas davantage ?

RICHARD TRÈFLE. Parce qu'on ne peut recueillir de semence sans épuiser un peu la terre ; et vous voyez que de la sorte le trèfle serait plus préjudiciable qu'utile à la culture des grains ; les tiges, devenant trop fortes, consommeraient les engrais et n'en donneraient point. Un laboureur qui en aura deux tiers au-delà de ses besoins, sera suffisamment à l'abri des accidens.

BENJAMIN JACH. Comment s'y prend-on pour recueillir la semence ?

RICHARD TR. La méthode ordinaire est de faire couper la seconde pousse aussi-tôt qu'elle est montée à graine, et que la plupart des boutons contiennent des semences parfaitement mûres. Si les andains du trèfle sont très-épais, on leur donne de l'air en les répandant sur une plus grande étendue; on le laisse sur la terre jusqu'à ce qu'il soit sec; s'il vient à pleuvoir, on le retourne doucement avec le manche du râteau : vers le soir, on met en tas celui qui est sec, et le lendemain matin on l'apporte au logis dans un drap ou dans un cendrier.

BENJAMIN JACH. Que reste-t-il à faire quand le trèfle est au logis?

RICHARD TR. Quelques-uns détachent les têtes ou boutons de leurs tiges, et les battent aussi-tôt pour en avoir la première semence; et comme il n'en tombe qu'une petite partie, ils conservent le reste pour achever de battre dans les grands froids d'hiver; dans l'intervalle cependant, il faut retourner de temps en temps les boutons, et les garantir des souris. D'autres, qui ne peuvent point battre sur-le-champ, les placent dans un lieu sec de la grange, ou dans un endroit aéré où ils restent jusqu'au milieu de l'hiver.

BENJAMIN JACH. Se sert-on, pour les battre, du fléau ordinaire ?

RICHARD TR. Oui; les semences bonnes et fermes n'en souffrent point; dans d'autres endroits, on bat le trèfle avec des bâtons : les batteurs, placés dans l'aire de la grange, s'asseient sur leurs talons ou se mettent devant une table, les uns à côté des autres, ayant dans chaque main une branche de coudrier ou de saule, dépouillée de son écorce. Ces branches ont deux ou trois pieds de long. On apporte les boutons aux batteurs, et on les répand ou sur l'aire de la grange, ou sur une table; ils les fouettent avec leurs baguettes, et la semence sort aisément des gousses; un seul homme peut, en un jour, en battre jusqu'à vingt livres.

BENJAMIN JACH. Ne restera-t-il pas encore quelques semences dans les gousses après le battage ?

RICHARD TR. Il en reste toujours un peu; au printemps, on peut les répandre dans les fromens et les seigles; le trèfle se trouve sous le grain après la moisson. On peut aussi les répandre sur la tréflière.

Benjamin Jachère. Y a-t-il encore une autre méthode ?

Richard Tr. Oui ; on coupe avec une faucille les semences mûres aussi près que l'on peut de la sommité des tiges ; c'est sur-tout dans la matinée que cette opération doit être faite, parce que, si on attendait le milieu du jour, la sécheresse ferait perdre beaucoup de semence. Quand on a recueilli les boutons du trèfle, on fauche aussi les tiges, et on les donne aux chevaux, qui en profitent, tandis qu'elles ne feraient aucun bien aux vaches. On dépose les boutons ainsi coupés sur les places vides de la tréflière, aussi légèrement que l'on peut ; ils y sèchent pendant quinze jours ou trois semaines ; alors on les porte au logis dans des draps, on les bat pour avoir la première semence. Les gousses, au battage, se détachent de la tête, on les porte au moulin, dont les deux pierres doivent être séparées de l'épaisseur d'un écu. On ôte le bouge et on ouvre les fenêtres du moulin : on fait tourner la meule fort vîte ; une demi-heure suffit pour un sac. L'air et le vent enlèvent les capsules ; il ne reste plus que la semence seule, ou, s'il y a encore des enveloppes ou des paillettes, on vanne pour les enlever. A défaut de moulin, on les passe sous la meule à cidre plusieurs fois, et on les bat ensuite.

BENJAMIN JACH. Croyez-vous cette méthode préférable à la première ?

RICHARD TR. Non ; il est impossible qu'on ne perde pas une grande quantité de semence dans le cours de ces différens procédés ; on ne peut couper les boutons, les mettre dans les tabliers des femmes, les faire sécher sur la terre, sans détacher et briser les gousses, qui se répandent de manière à être entièrement perdues ; si la pluie ou le vent surviennent, la perte est encore plus grande. J'approuve cependant la méthode de couper les boutons du trèfle, et de les rassembler dans des draps, pourvu qu'on les apporte aussi-tôt au logis ; on les fait sécher dans les mêmes draps ; la pluie et le vent ne sont point à craindre, et il n'y a rien de perdu.

Vous comprenez qu'il faut vanner les semences ; on les relève ensuite avec une pelle de bois, on se met dans un courant d'air, on les fait couler lentement de la pelle dans un coffre; le vent emporte la paille et la poussière, et il ne reste que la graine.

DOUZIÈME ENTRETIEN.

Questions diverses sur la culture du trèfle.

BENJAMIN JACHÈRE.

COMBIEN d'années faut-il pour mettre la culture du trèfle complétement en train sur une terre ?

RICHARD TRÈFLE.

Si tout réussit passablement, il faut tout au plus deux ans : dans la première année, on ne retire aucun profit du trèfle ; dès la seconde, on commence à en jouir ; cependant si, comme je le conseille, on procède avec précaution et lenteur, l'exploitation du trèfle ne sera pas encore en parfaite activité, et dans la seconde année il faudra avoir recours à la vaine pâture et aux prés pour nourrir les bestiaux ; mais, à la troisième ou quatrième année, on a mis en trèfle une plus grande quantité de jours de terre, on a du fourrage

fourrage pour l'été et pour l'hiver, et c'est alors qu'on peut commencer les nourris à l'étable.

BENJAMIN JACH. Que conseilleriez-vous au propriétaire d'un petit bien qui voudrait cultiver le trèfle, et peu à peu avoir des nourris à l'étable ?

RICHARD TR. Qu'il commence par réserver une provision de fourrage pour une année, et qu'il la laisse en meule ou sur son grenier, comme s'il ne l'avait pas.

BENJAMIN JACH. Expliquez-vous plus clairement.

RICHARD TR. Volontiers. N'avez-vous pas jusqu'ici atteint la fin de l'hiver sans le secours du trèfle et avec le seul produit de vos prairies et du foin que vous avez acheté ?

BENJAM. JACH. Oui.

RICHARD TR. Eh bien, je suppose que vous avez commencé par mettre six jours de terre en trèfle ; le produit de deux jours sera donné en vert aux bestiaux ; le trèfle des quatre autres jours sera fané. Comme vos bestiaux se sont passés de trèfle jusqu'à présent, et qu'ils ont dû vivre du produit des prairies et du foin acheté, ils pourront bien passer encore une année de même, et d'autant plus aisément, que le trèfle vous a déjà donné un peu de fourrage d'été; vous nourrirez en hiver vos bestiaux comme vous avez fait par le passé, avec de la paille, du foin, des navets, des carottes, des pommes-de-terre et les autres fourrages que vous étiez dans l'usage de leur donner. Ne touchez pas à votre trèfle, et gardez-le comme un trésor. L'année suivante, vous en cultiverez dix jours, dont trois seront fauchés en vert pour la nourriture de six vaches; il vous en restera sept dont vous ferez faner le trèfle. C'est alors que vous pourrez, sans aucun risque, cesser d'envoyer vos bêtes à la pâture, et les nourrir à l'étable. Les nourris sont très-profitables; vous pourrez les continuer en toute assurance; car, si le trèfle venait à manquer dans une mauvaise année, votre provision vous mettrait en état de poursuivre, et vous garantirait de la disette. C'est pour cela que je vous ai dit qu'il fallait toujours avoir sur le grenier une récolte d'avance.

Benjamin Jachère. Dites-moi pourquoi vous trouvez les nourris si profitables.

Richard Tr. Vous me parlez sans doute d'un nourri complet et abondant, où l'on donne alternativement au bétail de la luzerne, de bon foin, des carottes, des navets, des pommes-de-terre, du trèfle ?

Benjamin Jach. Voilà comme je l'entends.

Richard Trèfle. De pareils nourris procurent un bénéfice qu'on ne peut jamais espérer de la pâture aux champs. Il faut moins de bêtes, et deux vaches profitent autant que trois ; le bétail est sain, robuste et gras ; les vaches donnant du lait en abondance et de meilleure qualité, on a plus de fumier, et il est meilleur ; les veaux sont d'une plus belle espèce ; enfin, on n'a point à craindre les épizooties et les autres accidens qu'entraîne la pâture aux champs.

Benjamin Jach. Voilà des avantages importans ; le dernier, sur-tout, l'est beaucoup. Etes-vous bien sûr qu'en nourrissant à l'étable, on garantit les bestiaux des épizooties ?

RICHARD TR. J'en suis certain ; on en a une multitude d'exemples, et personne aujourd'hui n'a de doute à cet égard.

BENJAMIN JACH. Si le trèfle donne autant de profit sur de petits biens, on pourra donc aussi le cultiver avec avantage sur les plus grandes terres ?

RICHARD TRÈFLE. Oui, j'en connais dont le produit a été doublé par le moyen du trèfle; cependant nous avons vu que ce fourrage ne convient pas à tous les lieux : sur les petites fermes il y a de petites difficultés ; elles seront grandes sur des terres plus considérables. Il faut, pour ne point courir de risques, faire des essais et avancer peu à peu ; mais, aussi-tôt que les épreuves ont réussi, il faut, sans écouter les routiniers, suivre avec courage une pratique avantageuse.

BENJAMIN JACH. Les avances pour l'exploitation sont si fortes sur une grande terre, que beaucoup de gens sont détournés de les faire.

RICHARD TRÈFLE. Il est vrai qu'elles sont grandes, mais l'avantage de doubler son revenu mérite bien qu'on les fasse ; d'ailleurs, les grands propriétaires sont la plupart dans l'aisance ; et si le trèfle vient à manquer (car il manque quelquefois), ils ne doivent pas être rebutés par un essai malheureux ; ils réfléchiront qu'il n'arrive que trop souvent, même aux grains d'hiver, de manquer.

Benjamin Jach. Que pensez-vous d'un bail à ferme de six années pour un propriétaire qui veut améliorer son héritage ?

Richard Tr. Il ne permet pas de grandes améliorations par le moyen du trèfle ; mais un fermier qui a un bail de quinze ou dix-huit années, peut former des entreprises, avoir des prairies artificielles, faire des nourris; et c'est ainsi qu'un propriétaire parviendra à faire valoir et améliorer sa terre.

Benjamin Jach. Ne pourrait-on pas aussi tirer quelque parti d'un bail de six années, en faisant alterner les grains d'hiver et les mars avec les prairies artificielles?

Rich. Tr. Oui ; mais alors les propriétaires doivent stipuler, au profit des fermiers, qu'à leur sortie ceux-ci pourront recueillir le trèfle dans la versaine ; on ajoutera qu'ils seront tenus de le couper au plus tard au 1er. Fructidor, sinon qu'ils en seront privés, et qu'ils ne pourront y faire paître leurs bestiaux. Si néanmoins on ne veut pas laisser cette faculté au fermier sortant après l'expiration de son bail, le propriétaire se réservera, pour lui ou pour le fermier entrant, celle de semer du trèfle dans les mars, un an avant l'expiration du bail; alors le fermier sortant n'aura rien à prétendre, pour l'année de sa sortie, dans le trèfle récolté sur la terre en versaine. Un propriétaire qui veut améliorer sa terre par le moyen du trèfle, fera bien d'imposer au fermier l'obligation de ne point le récolter après le 10 Fructidor, sur une terre destinée à être labourée, et de faucher la dernière pousse, pour l'enterrer par la charrue.

Benjamin Jach. N'y a-t-il pas de distinction à faire entre les baux dont le canon se paie ou en argent, ou en une quantité déterminée de grains, et ceux où le fermier partage la récolte avec le propriétaire?

Richard Tr. Pour les canons fixes en grains ou en argent, il est manifeste que plus le fermier fera de profit par son trèfle, ses engrais et ses nourris, plus il aura de moyens de s'acquitter. Mais lorsque la récolte se partage entre le propriétaire et le fermier, il est nécessaire de déterminer combien il y aura de jours ensemencés en grains, et quelle part le propriétaire aura dans les nourris ; dans tous les cas, il faut stipuler que le fermier ne pourra vendre de trèfle ni de paille, et qu'il sera tenu de les faire consommer en entier par ses bestiaux. On pourrait aussi évaluer dans le bail le produit moyen d'un jour de terre en blé, d'un jour en orge, d'un jour en avoine, et la part du propriétaire dans ce produit. On réserverait en même temps au fermier la faculté de semer du trèfle à la place de l'orge ou de l'avoine, à charge de payer au propriétaire, d'après cette évaluation, l'équivalent des grains dont il sera privé. Enfin, je suis d'avis qu'un propriétaire laisse à ses fermiers tous les profits du trèfle pendant un bail de trois ans dont le canon se paie en argent ou en une quantité fixe de grains ; il s'en trouvera bien au renouvellement de leurs baux.

TREIZIÈME ENTRETIEN.

De la culture de la Luzerne.

BENJAMIN JACHÈRE.

VOISIN, quel cas faites-vous de la luzerne ?

RICHARD TRÈFLE.

C'est le meilleur fourrage que je connaisse, et j'en fais même plus d'estime que du trèfle: il est plus précoce, il produit davantage et il dure plus long-temps ; on ne peut s'en passer dans les nourris à l'étable; il est d'une grande ressource, soit lorsque le trèfle est épuisé, soit lorsque la saison est contraire à cette dernière espèce de fourrage.

BENJAMIN JACH. Vous faites tant de cas de la luzerne, que je suis étonné d'en voir cultiver si peu.

RICHARD TR. C'est parce qu'il lui faut un sol particulier. Il n'y a cependant presque pas de canton où l'on ne trouve quelques jours de terre qui lui soient propres.

Benjamin Jach. Quel sol demande la luzerne ?

Richard Tr. C'est une plante pivotante dont la racine descend tant qu'elle trouve de la bonne terre, et même jusqu'à dix pieds et au-delà ; il lui faut des terres profondes, fraîches, sans être trop humides, pénétrables, mais substantielles ; elle réussit même dans les sols sablonneux, pourvu qu'ils soient gras.

Benjamin Jach. Croyez-vous que les sols légers lui soient propres ?

Richard Tr. Ils lui conviennent aussi, mais elle y rend moins abondamment. J'ai vu des sols sablonneux qui avaient été engraissés ; elle y réussissait fort bien.

Benjamin Jach. Les marais desséchés qui ont pour fond une terre noire, lui conviennent-ils ?

Richard Tr. Oui, pourvu qu'on ne trouve pas l'eau à une profondeur de quatre ou cinq pieds; car, dès que la racine de la luzerne y arrive, elle périt. Une règle générale pour le choix du terrain, c'est qu'il faut qu'il ait à-peu-près la même espèce de terre depuis la superficie jusqu'à cinq pieds de profondeur. Si la superficie est sablonneuse, et que plus bas la terre soit argileuse, les racines de la luzerne élevées dans un sol aussi facile à pénétrer, n'auront pas assez de vigueur pour s'ouvrir un passage à travers l'argile, et s'arrêteront où finit le sable; il en sera de même si la superficie est une terre argileuse et forte, et que le fond soit sablonneux. La plante, trouvant moins d'alimens, à mesure que ses racines descendront, elle languira et ne vivra pas long-temps.

Benjamin Jach. Peut-on cultiver la luzerne dans les friches ou dans les pâquis mis en culture ?

Richard Tr. Oui, mais il faut que le sol y soit bien préparé; on procède comme pour les défrichemens dont j'ai fait mention en vous parlant du trèfle : on renverse la terre au mois de Messidor, et on herse en long et en large.

Benjamin Jach. Bon quand cela se peut;

mais les taupinières, les monticules et les aspérités du terrain, ne le permettent pas toujours.

RICHARD TR. Je vous ai déjà dit qu'on les répand du mieux qu'on peut sur la terre avec la pelle ; quelquefois cependant cela n'est pas nécessaire ; et quand le sol est maniable, rien n'empêche la herse de passer. Au bout de quatre semaines, on y répand du fumier ; celui de bêtes à cornes est le meilleur : on l'enterre profondément par le labour ; et pour pouvoir pénétrer et retourner la terre à douze pouces de profondeur, on fait passer une seconde fois la charrue dans le même sillon. De la sorte, la terre, ramenée du fond à la surface, sera pénétrée par la gelée et par les pluies d'hiver.

BENJAMIN JACH. Douze ou treize pouces ! c'est trop.

RICHARD TR. Non : que celui qui le peut le fasse ; car il est très-avantageux d'exposer aux influences de l'air, la terre qui en a été long-temps privée. En ouvrant des sillons très-profonds, les racines pivotantes de la luzerne pénétreront avec facilité jusqu'à la terre humide ; et lorsqu'elles l'auront une fois atteinte , il n'y aura plus que l'eau ou les mauvais fonds qui puissent les arrêter. Je n'ai pas besoin de vous dire que ceci s'applique à tous les fourrages artificiels, et qu'il faut donner des labours profonds aux terres où ils doivent être semés , à moins cependant que la qualité du sol n'y mette obstacle ; il faudra se contenter de dix à onze pouces, si l'on ne peut faire mieux.

BENJAMIN JACHÈRE. De quelle manière faut-il préparer le sol destiné à la luzerne ?

RIC. TR. Il faut parfaitement l'ameublir et n'y laisser aucune mauvaise herbe.

BENJAM. JAC. De quelle manière faut-il s'y prendre pour l'ameublir et la nettoyer ?

RICHARD TR. Le moyen le plus sûr est d'avoir un champ qui , l'année précédente , aura été bien fumé , et qui aura ensuite porté des choux , des pommes-de-terre , du blé ou d'autres productions de ce genre ; alors le sol est net et meuble , et l'on n'est plus exposé au danger des mauvaises herbes que donne quelquefois le fumier nouveau.

Benjamin Jach. Mais je n'ai point de champ ainsi préparé ; ne puis-je en disposer un d'une autre manière ?

Richard Tr. Fumez abondamment celui que vous destinez à la luzerne, labourez-le à fond et hersez-le plusieurs fois ; quand vous donnerez le dernier labour qui doit précéder les semailles, faites-le par petites raies de six pouces de profondeur.

Benjamin Jach. Dans quel mois sème-t-on la luzerne ?

Richard Trèfle. On peut la semer vers le 30 Germinal ; on peut aussi différer jusqu'en Floréal, Prairial et Messidor. Il faut faire une différence entre les climats froids et les chauds, et avoir égard au temps où l'on commencera à préparer la terre ; je crois que des semailles un peu tardives conviennent mieux à notre pays pour la luzerne, car les jeunes plants ne résistent pas à la gelée.

Benjamin Jach. Quel est le temps du jour le plus propre aux semailles de la luzerne ?

RICHARD TR. Dans une soirée calme, lorsque le temps est disposé à la pluie, ou après une pluie légère. On sème à la volée, à pleine main, la semence mêlée avec du sable ou de la terre fine; on peut aussi la semer avec trois doigts comme la navette, et c'est l'usage de ce pays. Le jour suivant, au matin, il faut herser, et, s'il est possible, on fait tirer la herse par deux hommes, parce que les chevaux ou les bœufs enfonceraient dans la terre ameublie; il ne faut qu'une heure à deux hommes robustes pour herser deux jours de terre avec une herse de bois.

BENJAMIN JACH. Combien faut-il de semence sur un jour de terre qu'on ne veut semer ni trop dru ni trop menu ?

RICHARD TR. Il en faut environ douze livres; mais vous savez comme moi que les terres bien cultivées et bien fumées, les sols naturellement fertiles demandent moins de semences que les terrains médiocres ou moins bien préparés.

BENJAMIN JACH. Combien de jours la semence est-elle à lever ?

RICHARD TR. Cela dépend du temps qu'il fait : si l'on est favorisé par des pluies légères, ou si l'on peut arroser, il ne faut pas plus de quinze jours.

BENJAMIN JACH. Faut-il semer la luzerne seule ou avec d'autres grains ?

RICHARD TR. On peut la semer de l'une et de l'autre manière ; si l'on veut l'associer à d'autres grains, il faut faire un bon choix.

BENJAMIN JACH. Est-ce l'orge, l'avoine ou les pois ?

RICHARD TRÈFLE. On peut semer l'orge ou l'avoine avec la luzerne ; mais il faut connaître son terrain, et prendre garde que ces productions ne se gênent mutuellement dans leur végétation. Il y a des pois qui donnent trop d'ombre et qui étouffent les jeunes plantes ; il y en d'autres qu'on sème clair, un peu avant la luzerne ; lorsque le tout est levé et que les pois sont prêts à fleurir, on les coupe avec la jeune luzerne pour les donner en fourrage. Les lentilles sont aussi très-propres à être semées avec la luzerne, parce qu'elles la garantissent du grand froid et du grand chaud.

Benjamin Jachère. N'est-il pas difficile et coûteux de sarcler la luzernière ?

Richard Trèfle. Si le champ a été bien nettoyé, il ne sera pas difficile de le sarcler; et si l'on a semé des pois avec la luzerne, pour faucher le tout ensemble, le sarclage devient à-peu-près inutile.

Benjamin Jachère. J'en conviens; mais si l'on a semé la luzerne seule, les mauvaises herbes croissent en quantité, et le sarclage donne beaucoup de peine.

Richard Tr. Quand on craint que la mauvaise herbe ne surmonte la luzerne, il faut faire faucher; si la mauvaise herbe menace encore, vous ferez faucher une seconde fois; alors la luzerne s'élevera et la détruira.

Benjamin Jach. Oui, mais la faulx ne peut pas atteindre celles qui rampent.

Richard Tr. Vous ne devez point les craindre sur un champ bien nettoyé. Si pourtant, malgré toutes vos précautions, vous en étiez incommodé, un peu d'usage vous apprendra s'il est plus avantageux de les détruire

truire par la faulx que par le sarclage ; c'est l'espèce de ces herbes qui doit déterminer.

BENJAMIN JACH. Combien d'années la luzerne peut-elle vivre ?

RICHARD TR. Cela dépend du sol : elle pousse ses racines à une grande profondeur, et elle va chercher sa nourriture dans des couches de terre fort basses, et qui peut-être, depuis plusieurs centaines d'années, n'ont rien fourni à la végétation. Si elle rencontre de l'humidité, elle meurt au bout de trois, quatre ou cinq ans ; il en est de même si elle trouve des couches de terre d'une différente nature ; mais elle vit quelquefois quinze et vingt ans dans les terres qui lui conviennent parfaitement.

BENJAMIN JACH. Combien de fois peut-on faucher la luzerne dans la première année ?

RICHARD TR. Lorsqu'on a semé de bonne heure, on peut avoir trois coupes ; si l'on n'a semé qu'en Prairial ou Messidor, il faut se borner à faucher deux fois ; par ce moyen le pied prendra plus de vigueur.

BENJAMIN JACH. Le produit n'augmente-t-il pas dans la seconde année ?

RICHARD TR. Oui, il augmente dans la seconde et dans la troisième année.

BENJAMIN JACH. Combien de fois peut-on couper la luzerne dans une pleine année ?

RICHARD TR. Au moins trois fois, quelquefois quatre, et dans les terrains heureux, dans les années favorisées, tout au plus six.

BENJAMIN JACH. Faut-il attendre, pour la couper, qu'elle soit en pleine fleur ?

RICHARD TRÈFLE. Non, elle deviendrait chanveuse, elle se durcirait, et ce ne serait plus qu'un mauvais fourrage; on commence à la faire faucher dès que les fleurs paraissent, lorsqu'elle a environ deux pieds de haut. Elle n'est pas aussi sujette que le trèfle à faire enfler les bestiaux ; il faut néanmoins user de précautions quand elle est jeune, et ne pas la donner couverte de rosée.

BENJAMIN JACH. Faut-il la faucher très-près de terre ?

Richard Trèfle. Oui, le plus près que vous pourrez, et c'est pour cela qu'il est indispensable de bien applanir le terrain avant de semer. Si la faulx laissait des chicots ou souches, la reproduction de la luzerne en souffrirait.

Benjamin Jach. Combien faut-il de quarterons de terre en luzerne pour nourrir une vache pendant un été ?

Richard Tr. Tout au plus trois demi-quarterons ou trois huitièmes de jour pour une vache de la grande espèce.

Benjamin Jach. Peut-on faner la luzerne ?

Richard Tr. Oui ; mais, dans ce cas, on la laisse venir en pleine fleur pour avoir plus de foin. C'est un fourrage excellent ; on le fane comme le trèfle ; j'observe cependant que les andains sont très-fournis ; il faut donc, aussi-tôt qu'il est coupé, l'étendre un peu sur la terre ; il y demeure sans y être retourné, à moins qu'il ne survienne une pluie. La luzerne ne perd pas ses feuilles aussi promptement que le trèfle, mais elle est sujette à s'échauffer ; il ne faut la mettre au grenier que quand elle est parfaitement sèche.

Si, lors de la fenaison, les petits tas de fourrages sont placés sur la luzernière ou sur la tréflière, et que les pluies obligent de les y laisser quelque temps, le séjour qu'ils y font peut préjudicier à la végétation des plantes qu'ils couvrent, et peut même les faire mourir. Il faut donc, autant qu'on peut, mettre ces tas hors de la luzernière, ou au moins ne pas les laisser trop long-temps à la même place; on fera même bien, si l'on prévoit de longues pluies, de porter la luzerne sous des hangars, où le vent et l'air pourront opérer son entière dessiccation, sans le secours du soleil.

Benjamin Jachère. Est-il avantageux de faner la luzerne ?

Richard Tr. C'est selon les circonstances: le cultivateur qui a un superflu de trèfle vert, le fera faner, et donnera toute la luzerne en vert à ses bestiaux.

Benj. Jac. Vous êtes donc d'avis de cultiver ces deux espèces de fourrages ?

Rich. Tr. Oui; je les crois l'un et l'autre nécessaires dans une ferme bien entendue où l'on veut nourrir les bestiaux à l'étable.

BENJAMIN JACH. Combien faut-il mettre de terre en luzerne sur une ferme qui a déjà huit jours en trèfle ?

RICHARD TR. Il faut y mettre un jour en luzerne.

BENJAMIN JACHÈRE. Lorsqu'on la fait faner, est-il possible d'en tirer quatre à cinq coupes ?

RICHARD TR. Non ; alors il faut se contenter de trois coupes ; on fera même bien de n'en faner qu'une seule, et de donner les deux autres en vert.

BENJ. JACH. Vous m'avez dit qu'on peut couper la luzerne cinq à six fois dans un été ; un aussi grand produit m'étonne, et j'ai peine à y croire.

RIC. TR. Voisin, un climat tempéré, une bonne terre, beaucoup de soins, et je réponds de six coupes. Il faut amender dans la seconde et la troisième année, avec des cendres, de la suie, de la marne, de la chaux éteinte et bien pulvérisée, ou avec les boues et balayeures des salines, des villes et des routes et chemins très-fréquentés, ou enfin avec le plâtre, qui est le meilleur amendement et le moins coûteux. Tous les printemps on herse avec une herse de fer; la quatrième année, avant l'hiver, on répand du fumier court sur la luzernière; au printemps suivant, on enlève au râteau ce qui reste : on se sert alternativement du fumier et du plâtre. Un moyen assuré de procurer à la luzerne une végétation vigoureuse, consiste à répandre sur la luzernière l'urine des bestiaux mêlée d'eau, immédiatement après chaque coupe. On peut aussi, au commencement de chaque nuit, arroser les chaumes avec de l'eau où l'on a fait dissoudre de la chaux et des cendres; rien n'est plus propre à exciter une prompte recrue; d'ailleurs, l'eau chargée de quelques particules de chaux empêche la mousse de croître.

BENJAMIN JACH. Je conçois actuellement tous les avantages qu'on peut obtenir de la luzerne avec du soin et du travail. Ce fourrage étant si productif, je pense que la même étendue de terre doit rendre beaucoup plus en luzerne qu'en grains.

RICHARD TR. Assurément; il résulte de calculs modérés que, dans le cours de six années, un jour de terre en luzerne a rendu quatre fois plus qu'un jour de terre en grains d'hiver, d'été et en versaine : on récolte quelquefois jusqu'à cinq voitures ou neuf milliers de luzerne sur un jour ; alors la proportion du bénéfice est encore plus grande : mais j'ai pris pour objets de comparaison des terres ordinaires, et je n'ai compté le produit annuel qu'à raison de cinq milliers par journal.

BENJAMIN JACH. Quelle proportion y a-t-il entre le produit d'un bon pré et celui d'une luzernière de même étendue ?

RICHARD TRÈFLE. Suivant l'estimation de plusieurs cultivateurs, la proportion est de cinq à un ; c'est-à-dire, qu'on obtient cinq fois plus de fourrage d'un jour de terre en luzerne, que d'un jour de pré : un bon pré, suivant eux, rendra en foin et en regain deux à trois milliers ; un jour de terre en luzerne rendra dix à douze milliers ; mais je crois cette évaluation trop forte ; et d'après mon expérience, si le jour de pré rend deux voitures de foin, le jour de luzerne en rendra cinq. Vous voyez que l'avantage est très-considérable pour la luzerne, car il faut aussi compter pour quelque chose la bonne qualité de ce fourrage.

Benjamin Jach. Comment s'y prend-on pour recueillir la semence de luzerne ?

Richard Tr. On n'aime pas à faire de la semence de luzerne, parce qu'elle épuise la plante ; si l'on en veut avoir cependant, ce n'est que dans la troisième ou la quatrième année qu'elle peut être bonne : alors on destine à cet usage une partie de la luzernière, et on prend la graine à la première coupe. C'est dans les terres chaudes et graveleuses qu'elle atteint mieux la maturité nécessaire. On lie la plante à-peu-près comme un bouquet, et on empêche par ce moyen qu'elle ne verse, ou que les semences ne tombent de leurs gousses. On n'en fait pas au-delà du besoin qu'on en a pour les semailles. C'est ordinairement dans la dernière année d'une luzernière, qu'on en destine une partie à la semence. Il est nécessaire de remuer fréquemment, pendant quinze jours, les gousses de luzerne fraîchement coupées ; autrement elles fermenteront jusqu'au point de prendre feu.

Benjamin Jach. Ne pourrait-on pas faire alterner la culture de la luzerne et celle des autres grains ?

Richard Tr. Oui, et on cultive de la sorte la luzerne en Angleterre et en Suisse ; mais il faut que l'alternat ou assolement soit fait avec intelligence ; la terre donne différens grains pendant six années, et la luzerne pendant six autres, et ainsi de suite.

Benjamin Jach. Quels sont les bestiaux auxquels la luzerne convient le mieux ?

Richard Tr. A presque tous ceux de ce pays ; aux chevaux, aux bœufs, aux vaches, aux brebis, aux cochons ; elle convient aussi aux oies.

Benjamin Jach. Croyez-vous qu'elle soit propre aux chevaux de travail, et qu'elle puisse leur suffire sans avoine ?

Richard Tr. Sans doute ; elle leur convient très-fort, et ne les rend point poussifs, comme quelques-uns le prétendent ; on est quelquefois obligé de leur donner du seigle au lieu d'avoine ; il vaut mieux leur faire manger de la luzerne. On leur donne en foin la ration accoutumée, et sept ou huit livres de luzerne sèche hachée ou coupée, leur tiennent lieu de la ration d'avoine.

BENJAMIN JACHÈRE. N'y a-t-il pas quelques précautions à observer quand on donne ce fourrage aux bestiaux ?

RICHARD TR. Oui ; cette plante est très-nourrissante, elle échauffe les animaux qui en mangent trop, et elle peut les faire mourir : il faut leur en donner avec modération, sur-tout en vert, et ne mettre devant eux que ce qu'ils doivent manger. Il ne faut faire de provision que pour un jour, et bien se garder de la mettre toute dans l'écurie ou l'étable ; une bête échappée en mangerait jusqu'à mourir sur le tas. On ne doit pas leur donner la luzerne quand elle est jeune ; on attend qu'elle soit en pleine venue ; si cependant on est obligé de leur faire manger ce fourrage encore jeune, il faut le couper et le donner avec de la paille ; on y accoutume les chevaux peu à peu, en le leur donnant d'abord par petites portions avec d'autres fourrages. La saignée ne doit pas être négligée pour prévenir la suffocation. Enfin, lorsque la luzerne est fanée, il faut attendre deux mois avant de la faire manger, et lui laisser jeter son feu.

BENJAMIN JACHÈRE. Comment faut-il s'y prendre pour épargner une partie de l'avoine au moyen de la luzerne ?

RICHARD TR. Lorsqu'elle est en fleur, ou même lorsque ses tiges commencent à devenir un peu dures, on la fait faucher, on la coupe avec le coupe-paille, et on la donne aux animaux, mêlée avec l'avoine.

BENJAMIN JACH. Quelle préparation exige la luzerne, quand on veut la donner aux porcs ?

RICHARD TR. On la coupe de même avec le coupe-paille, ou on la pile dans l'auge; on la mêle avec du son, et alors elle est très-propre à engraisser les porcs; ils aiment beaucoup la luzerne et le trèfle; il faut même les tenir éloignés des luzernières et des tréflières, car celles qu'ils ont fourragées sont perdues sans retour.

BENJAMIN JACH. Comment prépare-t-on la luzerne pour les oies ?

RICHARD TR. De la même manière.

BENJAMIN JACH. Le gibier aime ce fourrage, et il y cause souvent bien du dommage.

RICHARD TR. Il est difficile, en effet, de préserver la luzerne de ce fléau ; cependant on est quelquefois parvenu à écarter le gibier par le moyen du fumier de brebis; on le répand sur la luzernière en automne ; il empêche les animaux de le brouter en hiver, et de gratter la terre pour l'en arracher.

BENJAMIN JACH. Vous m'avez dit que la luzerne pousse des racines profondes ; ne peuvent-elles pas servir d'engrais à la terre?

RICHARD TR. Oui, elles peuvent l'engraisser pour trois ou quatre années.

BENJAMIN JACH. Mais ne rendent-elles pas les labours difficiles ?

RICHARD TR. On peut vaincre ces difficultés : il y a des cultivateurs qui emploient la bêche pour défoncer la terre où il y a eu de la luzerne, quand ils n'en ont qu'un jour ou qu'un jour et demi. Si cependant cette opération est trop coûteuse, on fait défoncer le terrain par la charrue dans un temps sec. Enfin, on peut aussi faire enlever les gazons par la charrue destinée à cet usage; on les amoncèle, et on laisse les racines à découvert; l'humidité de l'air les pénètre et en accélère la pourriture. Rien n'empêche, au mois de Prairial, de labourer une terre ainsi dépouillée de son herbe; on répand, on disperse les tas de gazons sur le terrain, et l'on y sème de l'espiot ou épeautre, du froment, du chanvre ou d'autres grains, sans qu'il soit nécessaire de le fumer autrement. J'ai vu de belles récoltes obtenues par ce procédé facile.

Les vieilles luzernières sont les plus difficiles à défricher : on est quelquefois obligé de mettre le feu aux gazons amoncelés, et la cendre disséminée sur la terre lui sert d'engrais. Lorsqu'on a défriché à la bêche, il faut très-peu de fumier, parce que la terre a été bien retournée et bien remuée; on y met de l'avoine la première année, et quelquefois la seconde, et du froment la troisième. D'autres ne mettent de l'avoine que pendant la première année, et du froment les deux années suivantes.

Les arbres viennent très-bien dans une luzernière défrichée à fond; et aussi long-temps qu'ils ont peu de feuilles et que leurs branches sont courtes, ils ne font point de tort au grain.

QUATORZIÈME ENTRETIEN.

Du Sainfoin, autrement appelé *Esparcette.*

BENJAMIN JACHÈRE.

Vous m'avez promis quelques détails sur le sainfoin : il m'a paru que vous en faisiez beaucoup de cas.

RICHARD TRÈFLE.

Il est vrai que ce fourrage, ou en vert, ou en sec, est le plus doux, le plus nourrissant et le moins dangereux de tous : je le préférerais à la luzerne, s'il donnait avec autant d'abondance.

BENJAMIN JACHÈRE. A cela près, quel avantage a-t-il sur la luzerne ?

RICHARD TR. Il s'accommode mieux de toutes sortes de terrains ; on peut en tout temps le faner sans qu'il perde ses feuilles ; les chevaux l'aiment beaucoup, et les vaches qui en sont nourries donnent un lait abondant et de bonne qualité; enfin, c'est une plante vivace qui résiste aux plus grands froids; et comme elle va chercher sa nourriture à une grande profondeur, la sécheresse ne lui fait point de tort.

BENJAMIN JACH. Le sainfoin vient-il aussi sur les mauvaises terres ?

RICHARD TRÈFLE. Oui; il croît sur les terres maigres, sèches, argileuses, pierreuses, et même sur des collines jusque-là stériles; les montagnes lui conviennent mieux que les vallées. Il faut cependant que la terre ait beaucoup de fond : le sainfoin veut quatre à cinq pieds comme la luzerne; ses racines s'émoussent lorsqu'elles rencontrent le soc ou un tuf trop difficile à pénétrer; si la superficie est bonne et que le fond soit mauvais, on risque de ne rien recueillir; si, au contraire, la superficie est mauvaise et que le fond soit bon, le sainfoin pourra prospérer.

BENJAMIN JACH. Je pense qu'il ne profiterait pas beaucoup dans des terres trop fraîches.

RICHARD TR. Non ; ses racines meurent aussi-tôt qu'elles atteignent l'eau : ce fourrage demande un sol sec plutôt qu'humide ; une fraîcheur modérée ne lui est pourtant pas contraire.

BENJAMIN JACH. Les sables légers lui conviennent-ils ?

RICHARD TR. Non ; il n'y croît pas.

BENJAMIN JACH. Et les bonnes terres grasses ?

RICHARD TR. C'est là qu'il croît vigoureusement ; cependant un bon économe ne le semera jamais dans un sol qui pourrait produire de bon grains, de la luzerne ou du trèfle. Il ne faut mettre du sainfoin que dans les terres qui d'ailleurs ne sont pas bonnes à autre chose ; tels sont les terrains entièrement couverts de pierres.

BENJAMIN JACH. Combien d'années le sainfoin peut-il vivre ?

RICHARD TRÈFLE. Il vit aussi long-temps que la luzerne, douze, quinze ans, et plus.

BENJAMIN JACH. Quand le sème-t-on ?

RICHARD

RICHARD TR. On ne le sème presque jamais en automne ; le temps le plus convenable est le commencement de l'été.

BENJAMIN JACH. Ne peut-on pas aussi le semer au printemps ?

RICHARD TR. On le peut ; mais les semences étant naturellement dures, sont longtemps à germer, et il faut prendre garde que la mauvaise herbe ne prenne le dessus. Le sainfoin peut être semé à différentes époques de l'année ; il en est de même de la luzerne et du trèfle ; mais ils ne viendront pas également bien : les coupes seront moins abondantes, les semences moins parfaites, si l'on n'a pas fait les semailles dans la saison assignée par la nature comme la plus favorable à la reproduction de chaque plante.

BENJAMIN JACH. Comment la terre doit-elle être préparée pour le sainfoin ?

RICHARD TR. Dès l'année qui précède celle où l'on veut semer, elle reçoit un labour profond. L'année suivante, on lui donne quelques autres labours, et l'on herse, afin de bien débarrasser la terre des mauvaises herbes, et pour que l'on puisse, après les semailles, se dispenser de sarcler.

BENJAMIN JACH. Combien faut-il de semence pour un jour de terre ?

RICHARD TR. Environ une quarte et demie ; les semences sont grosses et ne sont pas chères, les meilleures sont d'un roux jaunâtre. Lorsqu'elles sont noires et ridées, on peut être sûr qu'elles sont échauffées ; celles qui ont été cueillies trop tôt, sont blanches et pareillement ridées.

BENJAMIN JACH. Faut-il semer à la volée?

RICHARD TR. Oui, et plutôt dru que menu.

BENJAMIN JACH. Doit-on semer le sainfoin seul, ou l'associer avec d'autres productions?

RICHARD TR. Il vaut mieux le semer seul, puisqu'on le met dans de la mauvaise terre, et qu'elle nourrirait difficilement deux espèces de plantes à la fois.

BENJAMIN JACH. Mais s'il vient clair et mêlé de beaucoup d'herbes sauvages ?

RICHARD TRÈFLE. Il faudra le sarcler; le sainfoin bien nettoyé couvrira la terre dans deux ou trois ans, quoique dans la première il n'ait valu tout au plus que la peine de le faucher.

BENJAMIN JACH. Comment se fait-il qu'on est si souvent trompé sur la semence ?

RICHARD TR. Cela arrive parce que ceux qui la recueillent et qui la vendent, mêlent indistinctement celles qui sont mûres avec celles qui ne le sont pas.

BENJAMIN JACH. Lorsque le sainfoin vient trop clair, y a-t-il du remède ?

RICHARD TRÈFLE. Alors il faut semer une seconde fois, ou laisser croître quelques pieds pour ne les couper qu'après qu'ils auront répandu d'eux-mêmes leurs semences.

BENJAMIN JACHÈRE. Quels soins demande le sainfoin ?

RICHARD TR. Dans la seconde ou la troisième année, il convient d'amender avec du plâtre, ou, si l'on n'en a point, avec de la cendre ou de la marne ; et l'année suivante, avec du fumier de chevaux : on peut aussi répandre un peu de bonne terre sur le sol, ou du fumier de bergerie bien pouri. Il est bon de herser au printemps avec une herse de fer.

BENJAMIN JACHÈRE. Combien le sainfoin rend-il ordinairement ?

RICHARD TR. S'il est semé en Prairial, il donnera une coupe la première année ; dans la seconde, il en donnera deux, et rarement jusqu'à trois. Il ne sera en plein rapport que dans la troisième ou la quatrième année. Pour donner le sainfoin en vert, vous le faucherez, suivant votre convenance, ou avant la fleur, ou pendant la floraison, ou quand la plante sera défleurie : ce fourrage, plus ou moins jeune, est toujours bon.

BENJAMIN JACH. Ne pourrait-on pas semer le sainfoin dans les jardins, ainsi que la luzerne et le trèfle, et faire servir ces herbages de bordure aux carreaux ?

RICHARD TR. Pourquoi pas ? il a de jolies fleurs couleur de rose qui ne sauraient déparer un jardin ; mais si l'on craint que ces bordures ne servent de refuge aux insectes, on pourrait au moins employer le sainfoin à former ou varier ces bouquets de gazons qui embellissent les jardins des grands propriétaires : c'est un moyen sûr de se procurer de belles semences.

BENJAM. JACH. Je présume qu'on peut donner ce fourrage en vert ou en sec aux bestiaux.

RICHARD TR. Oui.

Benjamin Jach. Quand convient-il de le couper pour le donner en vert aux bêtes à cornes ?

Richard Trèfle. Lorsqu'il commence à fleurir et qu'il a même déjà quelques fleurs.

Benjamin Jach. Quand faut-il le couper pour le donner aux chevaux ?

Richard Tr. Aussi-tôt après la fleur, et lorsque les semences commencent à paraître à la sommité des tiges ; alors il vaut mieux que l'avoine même, et il engraisse les chevaux.

Benj. Jach. Faut-il faucher près de terre?

Richard Tr. Non ; on fauche à environ deux pouces, et la souche produit de nouveaux jets.

Benjamin Jach. Convient-il de laisser brouter le sainfoin par les bêtes à laine ?

Richard Tr. Il faut bien s'en garder, car leurs dents lui sont mortelles.

Benjamin Jach. Y a-t-il quelque chose de particulier à observer pour la fenaison du sainfoin ?

Richard Trèfle. Rien de particulier : j'ai déjà dit que le sainfoin se fane plus aisément que la luzerne, parce que ses tiges ont moins de sucs, et que ses feuilles ne se détachent pas aussi aisément. Il exige cependant des précautions : on ne le retourne pas à la chaleur du jour, mais le matin, quand il est encore un peu humide de la rosée. La pluie lui fait du tort, et il vaut mieux différer la fauchaison que de l'exposer à être mouillé. Il ne faut le fouler ni dans les granges ni en meule, il pourrait s'échauffer, et le bétail le rebuterait.

BENJAMIN JACH. Quand faut-il faucher le sainfoin qu'on veut faner ?

RICHARD TR. Avant que les tiges commencent à devenir dures.

BENJAMIN JACH. Combien d'années conserve-t-on le sainfoin ?

RICH. TR. J'ai vu du sainfoin de cinq ans qui était encore fort bon. Quand la luzerne et le trèfle ont été bien fanés, ils se conservent encore plus long-temps.

BENJAMIN JACH. Est-il utile de recueillir de la semence ?

RICHARD TR. Oui; le sainfoin en donne en quantité ; mais il ne faut pas lui en faire porter de parfaitement mûres avant la troisième année ; quelques cultivateurs attendent même jusqu'à l'année dans laquelle le sainfoin sera détruit, et la terre labourée. Les semences mûrissent successivement ; on en voit, sur le même pied, qui sont parfaites, tandis que les autres sont en fleurs. Il ne faut pas attendre qu'elles soient toutes mûres, car les premières tomberaient avant la maturité des dernières. Il vaut mieux, pour faucher, attendre le premier jour de beau temps. Les autres fourrages veulent être coupés à un certain point de maturité ; celui-ci peut être fauché, sans grand inconvénient, plus tôt ou plus tard. Si parmi les semences il y en a de mauvaises, on les rejetera du mieux qu'on pourra, car c'est par elles que les espèces dégénèrent. Les plus basses sont les meilleures, et rarement on en a de bonnes à l'extrémité des tiges. La semence mûre se connaît aux signes suivans : les gousses sont pleines et fermes ; elles se fendent en deux sous les doigts comme un pois bien mûr ; c'est alors qu'il est temps de couper ; si l'on diffère trop, le moindre vent les fera tomber : il vaudrait mieux les couper encore un peu vertes, elles s'affermissent après avoir été coupées. Quand on a une plus grande quantité de semences qu'il n'en faut pour les semailles, on donne le surplus à la volaille, aux cochons, et même aux chevaux. On fauche le matin le sainfoin destiné à la semence; on lui donne le temps de sécher, et on le bat ensuite. D'autres coupent les gousses à poignées sur un pied après l'autre, et ils prennent, pour cette opération, le moment où elles quittent leur couleur argentée et commencent à brunir. On les met dans un drap, on les étend ensuite dans un lieu bien aéré, sur un sol sec, et on les retourne avec soin. On ne les bat point avec un fléau, et on se sert d'une petite gaule ou d'une forte houssine. On les remue pendant plusieurs jours; et quand elles sont bien sèches, on les met dans des tonneaux pour les garantir des souris, qui les préfèrent même au froment.

BENJAMIN JACH. Si le sainfoin pousse des racines aussi profondes que la luzerne, elles doivent rendre les labours difficiles ?

RICHARD TR. Oui ; et lorsque l'on veut retourner la terre, il faut en user de même que pour une luzernière. Voilà tout ce que je me rappelle d'intéressant sur cette matière.

Benjamin Jach. J'ai pourtant encore une question à vous faire. Je suis bien certain que le trèfle, la luzerne et le sainfoin vont améliorer la terre, et que le produit sera fort augmenté; mais je crains que ce produit forcé ne l'épuise, et qu'après quelques années tous mes profits ne cessent.

Richard Tr. Ne craignez rien : on a déjà des expériences de cinquante années et beaucoup plus; les produits obtenus par le moyen des fourrages artificiels n'ont jamais épuisé la terre, et loin de là ils l'ont toujours améliorée d'année en année.

Benjamin Jach. N'avez-vous plus rien à m'apprendre ?

Richard Tr. Non, pour le présent : mais comptez sur de nouvelles découvertes que feront les autres, et que vous ferez peut-être vous-même. La Providence nous a livré la terre ; et si nous sommes sages et laborieux, nous trouverons tous les jours le moyen de faire encore mieux que ceux qui nous ont précédés.

Benjamin Jachère. Je vous remercie des leçons que vous m'avez données; je vais m'efforcer de les mettre à profit.

Richard Trèfle. J'en aurai une véritable satisfaction, et je vous réponds que vos succès ne feront de peine à personne. Un cultivateur ne peut fertiliser sa terre sans augmenter les productions destinées à la consommation générale, et tout le monde y gagne.

FIN.

TABLE DES MATIÈRES.

AVIS *de l'Éditeur*, page v

PREMIER ENTRETIEN ; *Introduction*, 1

II. *Utilité de la culture du trèfle*, 9

III. *Avantages du trèfle, prouvés par des calculs*, 20

IV. *De la tréflière, ou du champ à trèfle*, 25

V. *De sa semence*, 35

VI. *Des soins qu'il faut prendre du trèfle en automne et au printemps*, 50

VII. *Du trèfle vert et sec*, 62

VIII. *Usages du trèfle vert et sec*, 74

IX. *De l'usage de la dernière pousse et des racines du trèfle qui a été semé dans les marsages*, 95

X. *Autre manière de tirer parti de la dernière pousse et des racines du trèfle*, 108

XI. *Comment on obtient la semence du trèfle*, 120

XII. *Questions diverses sur la culture du trèfle,* 128

XIII. *De la culture de la luzerne,* 136

XIV. *Du sainfoin, autrement appelé esparcette,* 158

AVIS AUX CULTIVATEURS.

Maison de Commerce de Graines, de Plantes et d'Arbres, tenue par TOLLARD *frères, Marchands Grainiers-Fleuristes, Botanistes et Pépiniéristes,*

Rue de la Monnaie, place des Trois-Maries, n°. 2, à la descente du Pont-Neuf, et presque au coin du quai de la Ferraille ou Mégisserie, à Paris.

LES CC. TOLLARD frères ont établi une Maison de Commerce dans laquelle les amateurs, propriétaires et cultivateurs trouveront des graines de toutes espèces et variétés pour les jardins potagers et d'ornement; les prairies artificielles et les forêts; les semences employées par les pharmaciens, les droguistes, les teinturiers et les distillateurs; celles qui servent aux alimens, comme légumes secs et graines céréales et féculentes de toutes sortes, ainsi que des ognons et fleurs de toutes espèces et variétés; jacinthes, narcisses, iris, tulipes, jonquilles, anémones, renoncules, semi-doubles; arbres et arbustes fruitiers, forestiers, d'alignement, d'ornement, les plus utiles et les plus rares; les arbres de pleine terre et de serres, les plantes usuelles et autres.

Ils offrent aux amateurs, propriétaires et cultivateurs auxquels leurs loisirs ne permettraient pas de s'occuper des détails de leurs jardins et plantations, de calculer eux-mêmes les proportions relatives de semences légumineuses et d'arbres à fruits nécessaires pour constituer des collections assorties, dont les espèces, se succédant aux diverses époques de l'année, suffisent aux besoins d'une famille ou d'un établissement public; et ainsi pour le choix des végétaux à employer dans les prairies artificielles, les grandes plantations et cultures : il suffirait alors de leur faire connaître l'espace et la nature du sol à semer ou à planter.

Ils indiqueront aussi les espèces de graines exclusivement propres aux divers sols et climats, et susceptibles d'y prospérer avec plus d'avantage que d'autres; celles qui conviennent, par exemple, dans nos colonies et les pays étrangers; et ces graines, emballées avec des soins particuliers pour supporter, sans avaries, des voyages et traversées de long cours, seront toujours accompagnées d'une instruction écrite pour assurer leurs succès et naturalisation.

On trouvera dans leur Maison des collections complètes de semences pour former ou entretenir des jardins de botanique, nommées et classées d'après tel système qu'on voudra adopter.

On y trouvera aussi les semences propres à la confection du ratafia des sept graines et du vespétrot, mélangées et prêtes à être mises en infusion, et l'instruction sur la manière de préparer ces liqueurs salutaires ; enfin toutes les parties végétales vivantes ; comme semences, racines, bulbes, greffes, marcottes, et les végétaux entiers de pleine terre et de serres, font partie de leur commerce.

Les cultivateurs qui désireraient recevoir des détails sur les semis et plantations, trouveront, dans la maison et dans la correspondance des CC. Tollart, des renseignemens et instructions utiles sur ces objets importans de prospérité publique et particulière ; et ils prendront un plaisir égal à les donner au cultivateur qui les honorera de sa confiance, et à quiconque aime et s'intéresse à l'histoire naturelle et à l'agriculture, l'un d'eux ayant enseigné la botanique et la physique des plantes dans une des écoles de la France.

Ils apporteront la plus scrupuleuse attention dans le choix des semences, plantes et arbres, soit que les fournitures se fassent à Paris, ou s'envoient sur lettres de demandes dans les départemens, les colonies ou les pays étrangers.

www.ingramcontent.com/pod-product-compliance
Ingram Content Group UK Ltd.
Pitfield, Milton Keynes, MK11 3LW, UK
UKHW020553180726
13838UKWH00001B/223